Pfob/Triskiel/Dageroth
WERTSCHÄTZUNG

WERTSCHÄTZUNG
EIN PRAXISBUCH

Für Führungskräfte und Mitarbeiter*innen

von

Stephan Pfob

mit

Janett Triskiel
Benjamin Dageroth

Mit Gastbeiträgen von

Tanja Hentschel
Caroline Schwarz

Verlag Franz Vahlen München

ISBN Print 978-3-8006-6233-3
ISBN E-Book 978-3-8006-6234-0

Wilhelmstraße 9, 80801 München
Satz: Fotosatz Buck
Zweikirchener Str. 7, 84036 Kumhausen
Druck und Bindung: Westermann Druck Zwickau GmbH
Crimmitschauer Str. 43, 08058 Zwickau
Umschlaggestaltung: Stephan Pfob

CO_2 neutral
vahlen.de/nachhaltig

Gedruckt auf säurefreiem, alterungsbeständigem Papier
(hergestellt aus chlorfrei gebleichtem Zellstoff)

INHALTSVERZEICHNIS

TIPPS, TRICKS UND WISSEN

DAS IST EIN PRAKTISCHES BUCH.

Dieses Buch hilft Ihnen, nachhaltig und ohne großen Aufwand die Wertschätzung am Arbeitsplatz zu erhöhen. Dazu gibt es Ihnen einen Werkzeugkasten voller Tipps, Tricks und Ideen, Übungen und Wissen sowie ein Logbuch, das Sie individuell trainiert.

Es hilft Ihnen dabei, ...

- die Leistung, Motivation und Zufriedenheit am Arbeitsplatz nachhaltig zu fördern, ohne dazu dicke Bücher lesen zu müssen
- schnell umsetzbare Tipps oder Ideen kennen zu lernen
- einen psychologisch fundierten Einstieg in neue, zukunftssichere Arbeitstechniken zu gewinnen
- in einem Team zu arbeiten oder es zu führen und dabei wertschätzend mit Menschen umzugehen.

Das Buch besteht aus zwei Teilen: einen zum Lesen und einen zum Schreiben. Sie können sie unabhängig voneinander benutzen. Für ein optimales Ergebnis empfehlen wir, mit beiden zu arbeiten.

Der erste Teil

... bietet Ihnen **22 kompakte Kapitel**, die Sie jeweils in nur wenigen Minuten lesen können. Sie enthalten:

- wissenschaftlich fundiertes ***Hintergrundwissen***
- konkrete ***Praxistipps***, von denen Sie viele sofort umsetzen können
- ein kommentiertes ***Literaturverzeichnis***, falls Sie sich weiter informieren wollen

Der zweite Teil

… ist ein persönliches **Logbuch**. Mit diesem trainieren Sie nachhaltig und ohne größeren Aufwand Ihre Wertschätzungskompetenz. Dafür reichen zweimal 5 Minuten in der Woche. Es verbessert Ihre Wahrnehmung, Ihr Gedächtnis und Ihr Bewusstsein für Wertzuschätzendes in Ihrem Arbeitsumfeld. Außerdem erhalten Sie mit dem Logbuch ein wertvolles Archiv für die Beiträge und Leistungen Ihrer Kolleg*innen, das Sie als Grundlage für Feedbackgespräche benutzen können.

Das Defizit

Wo auch immer wir mit Menschen zusammenarbeiten – ob in Unternehmen, im öffentlichen Dienst oder in anderen Organisationen: Wertschätzung ist das, was uns am stärksten motiviert. Und doch ist sie in der Praxis oft Mangelware:

32%

aller Arbeitnehmer*innen beklagen, keine oder nur geringe Wertschätzung zu bekommen.

DGB-Index Gute Arbeit 2019

Der zweithäufigste Grund für einen Jobwechsel

ist die fehlende Anerkennung für die eigenen Leistungen.

Manpower Group 2017

Ein Defizit an Wertschätzung führt die meisten Umfragen zur Zufriedenheit am Arbeitsplatz an. Es erzeugt Stress, vermehrt Krankheitstage, verringert Lern- und Kritikfähigkeit, Engagement, Informationsfluss, Kreativität und damit letztlich auch Innovation und Produktivität. Es führt bei vielen Beschäftigten zu Rückzug, Frust oder zum Versuch, den Mangel zu kompensieren – statt einfach gut zu arbeiten.

Denken Sie einmal daran, wie sehr schon ein ausgebliebenes „Guten Tag“ Ihre Arbeit sabotieren kann.

Die Vorteile

Trotz all der neuen Technik stehen auch heute die Menschen im Mittelpunkt der Arbeitswelt: (1) In den vielen Bereichen haben Soft Skills in ihrer Bedeutung längst die Hard Skills überholt. Intensives Teamwork, beständige Weiterentwicklung und gute Kommunikation sind Kern- und Zukunftskompetenzen, die nicht durch Maschinen zu ersetzen sind. (2) Den gestiegenen Ansprüchen an die Balance von Arbeit und Freizeit sowie dem steigenden Fachkräftemangel wird heute nur ein Umfeld gerecht, in dem Menschen gerne arbeiten. Eine starke Wertschätzungskultur ist der Schlüssel dazu. Wertschätzung …

- erhöht unsere **Motivation** nachhaltiger als Geld
- steigert unsere **Produktivität**
- fördert geistige und körperliche **Gesundheit**
- verbessert unsere **Kreativität**
- stiftet **Vertrauen**
- zieht **Talente** an
- steigert unsere **Initiative**
- fördert **Weiterentwicklung** und **Lernbereitschaft**
- reduziert **Stress**, **Fehlzeiten** und **Personalfluktuation**

> **Wertschätzung** ist der Schlüssel zu guter, zukunftssicherer Arbeit.

WAS IST WERTSCHÄTZUNG?

Und warum sie so wichtig ist für die neue Arbeitswelt

Wertgeschätzt zu werden ist ein Bedürfnis, das wir alle teilen. Es besteht im Wunsch, mit Wohlwollen und als Mensch gesehen zu werden: mit dem, was wir denken, fühlen und tun. Wie die Bedürfnisse nach Sicherheit oder Freiheit ist auch Wertschätzung zentral für unser Selbstverständnis. Eine Besonderheit dieser Grundbedürfnisse besteht darin, dass sie sich stets auch *auf andere Menschen* beziehen. Das heißt, wir brauchen jemanden, der uns Freiheiten lässt, Sicherheit bietet oder Wertschätzung gibt. Eine weitere Besonderheit liegt darin, dass diese Bedürfnisse *kontinuierlich* sind. Das heißt, wir möchten nicht nur einmal, sondern beständig Wertschätzung erfahren. Sie muss regelmäßig erneuert werden (siehe „Bau kein Schloss, bau tausend Zelte", S. 143).

Menschzentrierte Arbeit

Wie wichtig Wertschätzung ist, wurde nicht erst vor kurzem entdeckt. Doch erst in den letzten Jahren ist sie ins Zentrum der Arbeitswelt gerückt. Ein Grund dafür liegt in der Neugewichtung unserer Kompetenzen: Gefragt sind immer öfter Kreativität, Kontakt- und Teamfähigkeit, Initiative, emotionale Intelligenz, Freude an neuen Herausforderungen, geistige Flexibilität sowie Lernbereitschaft. Das Klima, in dem diese Kompetenzen gedeihen, ist durch Wertschätzung bestimmt. Sie ist, wie viele Studien zeigen, der größte nachhaltige Motivator am Arbeitsplatz und bestimmt maßgeblich, ob wir gerne arbeiten und unser Bestes geben. Wertgeschätzte Menschen leben und arbeiten gesünder, einfallsreicher, kooperativer, kritik- und konfliktfähiger und widerstehen besser Stress und Unsicherheiten.

Ein freundliches Erfordernis

Arbeit, die sich an unseren Bedürfnissen orientiert, ist längst kein Luxus mehr, sondern wesentlich für den geschäftlichen Erfolg. Eine menschzentrierte Arbeitsweise ist daher ebenso geboten wie ein Gewinn für alle: ein freundliches Erfordernis. Eine Aufmunterung kann uns stärker motivieren als eine Prämie. Der mitgebrachte Kaffee kostet wenig und schlägt dennoch das ermäßigte Verkehrsticket. Anerkennung, selbst in unscheinbaren Formen, sticht meist klassische Belohnungen aus (S. 115). Viele Unternehmen haben das erkannt. Leider lässt sich eine starke Wertschätzungskultur nicht in die Firma hineintragen wie ein Paket. Es braucht Praktiken, die in kleinen Schritten aufzubauen sind. – Erste Ideen und Anregungen dazu finden Sie am Ende dieses und der folgenden Kapitel.

Zwei Aspekte von Wertschätzung

Wertschätzung zeichnet sich durch zwei Dinge aus:

(1) Wir möchten, dass andere wissen, wer wir sind und worin unsere Arbeit besteht.
(2) Wir möchten, dass man uns und dem, was wir tun, mit Wohlwollen begegnet.

Beide Aspekte sind notwendig, damit wir uns wertgeschätzt fühlen. Wohlwollen ohne das Bemühen, uns zu verstehen, empfinden wir als oberflächlich und ein Verstehen ohne Wohlwollen wirkt kalt oder manipulativ.

Drei Bedürfnisse, die hinter Feedback stehen

Wertgeschätzt zu werden, ist nur das erste, wenn auch grundlegende von drei Bedürfnissen, um die es bei Feedback geht. Sie zu verwechseln kann dazu führen, dass wir anderen nicht geben, was sie brauchen. Das zweite Bedürfnis ist das nach **Beurteilung**: Wo genau stehen wir eigentlich? Haben wir die Erwartungen an uns erfüllt? Erledigen wir unsere Arbeit richtig? Wie gut sind wir? – Die Beurteilung ist nicht immer ganz zu trennen von der Wertschätzung. Allerdings erfolgt eine Beurteilung, zumindest idealerweise, nach klaren Maßstäben und richtet unser Handeln nach Leistungsgesichtspunkten aus. Wertschätzung hingegen ist eine wohlwollende Aufmerksamkeit, die sich eher auf die menschlichen Aspekte unseres Verhaltens bezieht. Das dritte Bedürfnis ist das nach **Weiterentwicklung**. Es bezieht sich auf Training, Rat und Hilfe: Wie kann ich mich verbessern? Welches Wissen, welche Methoden helfen mir, meine Aufgabe noch besser zu erledigen? Wie entwickle ich mich weiter?

Wertschätzung kann man lernen

Wertschätzungskompetenz entsteht durch das Zusammenspiel von vier Faktoren: Wissen, Wahrnehmung, Handeln und der richtigen Grundeinstellung. So sollten wir zum Beispiel wissen, wie wir Kritik am besten formulieren (vgl. S. 152 ff.) oder wie wir mit Gefühlen umgehen (S. 155 ff.). Ebenso ist es notwendig, dass wir Verhalten als schätzenswert erkennen, statt es zu ignorieren oder als selbstverständlich abzutun. Das Logbuch (S. 185) hilft Ihnen beim Training dieser Wahrnehmungsfähigkeit. Und dann müssen wir unsere Wertschätzung auch praktisch zum Ausdruck bringen – ob wir dafür nun etwas sagen oder etwas tun (S. 131 f.). Und schließlich werden diese drei Aspekte koordiniert und gestützt von der richtigen Grundeinstellung (S. 19 ff.). – Alle vier Faktoren kann man lernen.

Es gibt so viele Weisen, die eigene Wertschätzung auszudrücken, dass es nicht allzu schwer fallen sollte, sich für den Anfang diejenigen herauszusuchen, die uns am ehesten liegen: danken, unterstützen, zuhören, ansprechbar sein, sich Zeit nehmen, kleine Aufmerksamkeiten, grüßen, loben, gratulieren (S. 117 f.).

DAS KÖNNEN SIE TUN

Hier finden Sie einige allgemeine Hinweise zur Verbesserung einer wertschätzenden Unternehmenskultur. Konkretere Hinweise finden Sie in den folgenden Kapiteln.

1 Dieses Buches bietet Ihnen zunächst eine Vielzahl konkreter Tipps sowie Hintergrundwissen, um Ihre Wertschätzungskompetenz zu fördern. Darüber hinaus können Sie mit den regelmäßigen Impulsfragen des Logbuchs diese Inhalte auffrischen und Ihre Aufmerksamkeit gezielt auf einzelne Verbesserungsmöglichkeiten richten. Durch das Führen des Logbuchs selbst trainieren Sie Ihr Bewusstsein und Ihr Gedächtnis für die konkrete Wertschätzungspraxis. All dies erfordert nur wenig Zeit. Alles weitere kommt mit der Routine, in der sich nach und nach Wahrnehmung, Wissen und Handeln miteinander vernetzen.

2 Veränderung in Unternehmen gelingt meist dann am besten, wenn sich die Praxis kleiner Gruppen auf größere überträgt. Oft geschieht dies durch Vorbildwirkung („Oh! Das wollen wir bei uns aber auch!“). Gehen Sie daher **in kleinen Schritten** vor, drehen Sie an verschiedenen Stellschrauben und finden Sie früh heraus, was für Sie funktioniert. Das heißt zum Beispiel, dass Sie als Erstes auf Personen zugehen könnten, denen Sie besonders vertrauen. Stellen Sie diesen Ihre Absicht vor, Wertschätzung am Arbeitsplatz zu verbessern, und experimentieren Sie gemeinsam mit Praktiken und Übungen aus diesem Buch. Tauschen Sie sich regelmäßig über die Ergebnisse aus. Anschließend können Sie den Personenkreis erweitern. Eine mögliche Technik, die für den Anfang sehr hilfreich ist, heißt *Feedforward* (S. 166).

3 Ermitteln Sie, welche **Art von Feedback** Ihre Kolleg*innen jeweils brauchen. Wollen Sie mehr wertgeschätzt, genauer beurteilt oder stärker gefördert werden? Es stellt bereits eine Form von Wertschätzung dar, sich über die jeweiligen Bedürfnisse offen auszutauschen. Oft genug haben wir selbst oder Mitarbeiter*innen kein ausreichendes Bewusstsein über das, was uns eigentlich fehlt, oder trauen uns nicht, es anzusprechen. Sehr hilfreich kann hier sein, entsprechende Fragen fest in Personalgespräche aufzunehmen. Mögliche Fragen finden Sie zum Ausdrucken auf 🌐 berlin-alley.com/praxisbuch-wertschaetzung.

4 Angenommen, Sie schätzen Ihre Kolleg*innen, nehmen deren Beiträge, Auffassungen und Wünsche bewusst und differenziert wahr und empfinden ihnen gegenüber großes Wohlwollen. Wird bereits das dafür ausreichen, dass Ihre Mitarbeitenden sich wertgeschätzt fühlen? Vermutlich nicht. Denn darüber hinaus ist erforderlich, die **eigene Wertschätzung auch auszudrücken**. Das klingt viel selbstverständlicher, als es ist. In vielen Arbeitskontexten gilt noch immer das Prinzip „Nichts gesagt, ist halb gelobt“, das motivational gesehen Unsinn ist. Artikulieren Sie daher regelmäßig, dass Sie die Arbeit, die Bedürfnisse und den Menschen in Ihren Mitarbeitenden sehen (Hinweise zur praktischen Ausführung finden Sie u.a. auf S. 131 ff., 143 ff.).

Wussten Sie schon ...

... dass Paare, die ein Ehetagebuch pflegen, in der Regel auch bessere und längere Beziehungen führen? Warum das so ist? Sie lenken ihr Bewusstsein damit stets auch auf die positiven Beiträge des anderen, die im Alltag sonst leicht von den negativen überblendet werden (S. 69 ff.). Das Gleiche gilt für berufliche Beziehungen. Hier hat ein Wertschätzungslogbuch einen ähnlich positiven Effekt.

WENN SIE MEHR WISSEN MÖCHTEN

Ariely, Dan: *Payoff. The hidden logic that shapes our motivations*, New York 2016 | Hier finden Sie anschauliche Belege dafür, dass **Lob oft mehr motiviert als Geld**.

Beck, Aaron T.: *Love is Never Enough*, New York 1989, S. 245f. | Zum positiven Aspekt von **Ehetagebüchern**.

Carmeli, Abraham u. a.: „Respect as an engine for new ideas. Linking respectful engagement, relational information processing and creativity among employees and teams", in: *Human Relations*, Mai 2015 | Eine der vielen Studien darüber, dass **Wertschätzung unsere Kreativität erhöht**.

Heen, Sheila; Stone, Douglas: *Thanks for the Feedback. The Art and Science of Receiving Feedback Well*, New York 2014 | Hier erfahren Sie mehr über **die Bedürfnisse, die hinter Feedback** stehen, und den erfolgreichen Umgang mit ihnen.

Honneth, Axel: „Integrität und Mißachtung. Grundmotive einer Moral der Anerkennung", in: *Merkur. Zeitschrift für europäisches Denken* 44 (1990), S. 1043–1054 | Falls Sie an einem **philosophischen Zugang** zum Thema Anerkennung interessiert sind.

Luthans, Fred; Stajkovic, Alexander D.: „Provide Recognition for Performance Improvement", in: Locke, Edwin, A. (Hg.): *Handbook of Principles of Organizational Behavior*, Chichester 2009, S. 239–253 | Diese Metastudie zeigt, dass Wertschätzung in Form von informeller sozialer Anerkennung **unsere Produktivität um 17–24 % erhöht**.

Siegrist, Johannes: *Soziale Krisen und Gesundheit*, Göttingen 1996 | Eine ausführliche Studie, die u. a. zeigt, dass fehlende oder zu geringe Anerkennung für die eigenen Leistungen auch das Risiko für **Herzinfarkte, Depression und andere psychische Erkrankungen** erhöht.

World Economic Forum: *The Future of Jobs*, 2018, S. VIIIf., im Netz: www3.weforum.org/docs/WEF_Future_of_Jobs_2018.pdf | Eine ausführliche Prognose der **Kompetenzen der neuen Arbeitswelt.**

DIE RICHTIGE GRUNDEINSTELLUNG

Auf welche Haltung es ankommt und wie Sie sie fördern können

Um wirksam wertzuschätzen, brauchen wir neben dem Wissen, das dieses Buch vermittelt, und einem Blick für passende Gelegenheiten, den das Logbuch schult, noch etwas Drittes: die richtige Grundeinstellung. Sie besteht aus einer Kombination von Wohlwollen und Aufmerksamkeit.

> **Wertschätzung** wird getragen von wohlwollender Aufmerksamkeit.

Wohlwollen

Unser Wohlwollen zielt ab auf die Bedürfnisse unserer Mitarbeiter*innen. Das bedeutet, nicht nur ihre Arbeitsleistung, sondern auch ihre individuellen und allgemein menschlichen Wünsche und Interessen fördern zu wollen. Diese Ausrichtung fällt uns im Arbeitskontext oft schwer, da Menschen leicht hinter ihren Funktionen verschwinden. Denken Sie an Ihren Alltag. Wie schnell erscheint z. B. die Person an der Supermarktkasse als bloßer Teil eines Verkaufsvorgangs, über dessen Stocken wir uns ärgern, statt als ein Mensch, der eigene Sorgen hat und mit dem wir die Situation freundlicher gestalten könnten. Dieses Wohlwollen muss allerdings keinen „Kuschelkurs" einschlagen. Die wohlverstandenen Bedürfnisse, auf die es sich richtet, können aktuellen Gefühlen sehr wohl zuwiderlaufen: Wer sich aus Bequemlichkeit nicht weiterbildet, kann damit der eigenen langfristigen Absicht schaden, mehr Verantwortung übertragen zu bekommen. Wohlwollen kann dann darin bestehen, diesen Widerspruch anzusprechen und gegen vordergründige Widerstände aufzulösen („Ich schick dich jetzt zu diesem Seminar.“).

Aufmerksamkeit

Die zweite Grundvoraussetzung für einen wertschätzenden Umgang liegt darin, die individuellen Bedürfnisse der Mitarbeitenden zu *kennen*, statt sie bloß zu unterstellen oder überzustülpen („Ich weiß, was für dich das Beste ist“). Dazu empfiehlt es sich zunächst, möglichst urteilsfrei zu sein. Das ist nicht immer einfach, weil wir in Gesprächen dazu neigen, unmittelbar wertend und mit teils starken Gefühlen zu reagieren. Eine entsprechende Urteilsenthaltung, sowohl beim Zuhören als auch beim Nachfragen, muss daher bewusst trainiert werden. Keine Sorge: Sie müssen sie nicht vollständig erreichen, um die Arbeit besser auf die Bedürfnisse der Mitarbeitenden abzustimmen. Sich auf den Weg zu begeben, reicht in der Regel dafür aus.

Zwei Motivationsmodelle

Grundsätzlich gibt es zwei Motivationsmodelle für den Arbeitsmarkt, von denen mal das eine und mal das andere dominiert. Das erste ist das Stock-und-Möhre-Modell. Es geht davon aus, dass Menschen nicht wirklich arbeiten wollen und daher extern, das heißt mit Strafen (z. B. Entlassungen) und Belohnungen (z. B. Geld) angetrieben werden müssen. Das zweite Modell ist das interne. Es setzt dabei an, dass Menschen im Grunde gern arbeiten, davon aber durch bestimmte Hindernisse in ihrem Umfeld abgehalten werden. Zu diesen Hindernissen zählen eine schlechte Unternehmenskultur, das Fehlen sinnstiftender Arbeit, geringe Selbstbestimmung oder mangelnde Anerkennung. In den letzten Jahren ist dieses zweite Motivationsmodell wieder in den Vordergrund getreten, da es sich als das wirksamste und nachhaltigste für die neue Arbeitswelt erwiesen hat. Es stellt auch grundsätzlich die bessere Basis für eine wertschätzende Grundeinstellung dar.

DAS KÖNNEN SIE TUN

1 Betrachten Sie Wertschätzung **nicht als Belohnung für gewünschtes Verhalten, sondern als Bedingung** dafür. Denken Sie hier etwa an ein herzliches „Hallo!" auf dem Flur. Das müssen wir uns auch nicht eigentlich verdienen. Auch wenn wir es meist nicht merken: Durch einen solchen kurzen Moment setzen wir gleich viel beschwingter unsere Arbeit fort. Betrachten Sie Wertschätzung also grundsätzlich als etwas Proaktives. Allein dadurch, dass Sie sich aktiv mit einer aufmerksamen und wohlwollenden Grundhaltung auf Ihre Mitarbeiter*innen beziehen, geben Sie ihnen ein nachhaltig gutes Gefühl.

2 Nutzen Sie den **Pygmalion-Effekt**. Er besagt, dass sich Menschen bereits dadurch stärker weiterentwickeln und bessere Leistungen zeigen, dass wir sie als lern- und leistungsfähig betrachten. Die Wirksamkeit dieses Effekts beruht darauf, dass unsere Haltung unbewusst bestimmte Handlungen bedingt: Wir geben den betreffenden Kolleg*innen z. B. häufiger positives Feedback, festigen dadurch ihr Selbstvertrauen oder übertragen ihnen anspruchsvollere, wachstumsfördernde Aufgaben. Das heißt, schon ein unbewusstes „Ich weiß, dass du das schaffst" in unseren Köpfen hilft denen, auf die es sich bezieht, tatsächlich mehr zu schaffen. Zwar verwandeln sich durch die aktive Nutzung des Pygmalion-Effekts nicht alle Mitarbeiter*innen in Superstars, aber die Leistungsunterschiede, die man allein durch einen solchen Einstellungswechsel erzielen kann, können erheblich sein. Aber Vorsicht: Der Effekt wirkt auch in die Gegenrichtung. Wenn Sie jemanden als festgelegt auf schwache Leistungen betrachten, verstärken Sie diese womöglich. (Mehr dazu erfahren Sie ab S. 128 f.)

3 Die **Loving-Kindness-Meditation** kann Sie dabei unterstützen, gegenüber Ihren Kolleg*innen eine wohlwollende, fördernde und wertungsfreie Einstellung einzunehmen. Bevor Sie das als New Age-Kram und unseriöse Mode abtun: Die Forschung und praktische Erfolge konnten die Wirksamkeit der Loving-Kindness-Meditation gut belegen. Große Workshops sind dafür übrigens nicht erforderlich. Nehmen Sie sich pro Tag ein paar Minuten Zeit, z. B. während Ihrer Pause, und konzentrieren sich auf Gefühle der Fürsorge, der Wärme und des Wohlwollens sich selbst und anderen gegenüber. Der Einstieg wird erleichtert, wenn Sie Ihre Aufmerksamkeit zunächst auf Ihre Freunde oder Familie richten und in späteren Übungen ausweiten auf Menschen in Ihrem Arbeitsumfeld. Das schärft auch Ihre Sinne für die Aktivitäten und Wünsche Ihrer Mitmenschen. Und falls Sie sich noch nicht an solche Meditationen herantrauen wollen: Das **Wertschätzungslogbuch** (ab S. 185) erfüllt u. a. eine ähnliche Funktion.

4 Aktivieren Sie Ihre **Wertschätzungsintelligenz.** Sie besteht darin, positive Entwicklungsmöglichkeiten bei Menschen und in konkreten Situationen zu erkennen. Sie ist freiheits- und zukunftsorientiert und beruht unter anderem auf der Bereitschaft, sich durch aktives Zuhören (S. 85) und auf der Basis eines Growth Mindsets (S. 33) wertungsfrei Perspektiven und Meinungen zu erschließen, die wir oft verpassen, weil wir die Dinge zu schnell negativ bewerten. – Eine schnelle Übung dazu ist die folgende: Gehen Sie insbesondere vor schwierigen Gesprächen in sich, indem Sie sich drei Fragen stellen:

- *Welche Einstellungen, Fähigkeiten oder Handlungen schätze ich an meinem Gegenüber?*
- *Was hat die Person mir Gutes getan?*
- *Was kann ich von ihr lernen?*

5 Hier eine sehr effiziente Übung, um mit der richtigen Einstellung in ein Gespräch oder ein Meeting zu gehen. Bevor Sie den Raum betreten, legen Sie kurz die Hand an den Türrahmen und fragen Sie sich: „**Als was für ein Mensch möchte ich gleich auftreten?**" / „Als was für ein Mensch möchte ich gleich wahrgenommen werden?" – Mit diesem kurzen Priming (S. 24) können Sie in der Hektik des Arbeitsalltags schnell wieder zu sich und Ihren Werten zurückfinden, idealerweise zur Haltung der wohlwollenden Aufmerksamkeit.

6 Verwechseln Sie die hier vorgestellte Haltung der wohlwollenden Aufmerksamkeit **nicht mit Empathie**. Letztere besteht in der Spiegelung *aktueller* Gefühle anderer Menschen und kostet, oft unbewusst, Willenskraft. Wohlwollende Aufmerksamkeit dagegen richtet sich auf das *langfristige* Wohl anderer und greift auf emotional weniger anstrengende Methoden zurück. In der Forschung markiert man diesen Unterschied, indem man von „Mitgefühl" (englisch: *compassion*) anstelle von Empathie spricht. (Mehr darüber erfahren Sie ab S. 93.)

7 Unsere Grundeinstellung und unser konkretes Handeln bedingen sich wechselseitig. Die richtige Haltung erreichen wir nicht allein dadurch, dass wir beschließen, sie einzunehmen – ihr Aufbau erfordert auch, dass wir „**einfach mal machen**", also dass wir viele konkrete Tipps einfach einmal ausprobieren und am Ball bleiben. Kurz gesagt: Die Praxis stellt die Einstellung her.

8 Zum Abschluss ein grundsätzlicher Tipp. Die Antworten der Zukunft werden in Teams gefunden – schon allein aufgrund der Komplexität und Unüberschaubarkeit der kommenden Herausforderungen. Dies hat zur Folge, dass Führung immer weniger darin besteht, die Dinge allein zu steuern und Aufgaben zu managen. Vielmehr geht es heute zunehmend darum, zum Aufbau von positiven Beziehungen zwischen den Mitarbeiter*innen beizutragen, mit dem Ziel, die gemeinsame Problemlösung zu fördern. Man spricht hier manchmal vom *postheroischen Management*. Dazu gehört vor allem eine starke Wertschätzungskultur: das Führen eines ergebnisoffenen Dialogs (S. 144 f.), die Berücksichtigung der individuellen Stärken, Potenziale und Bedürfnisse der Mitarbeitenden, die Auflösung von Spannungen im Team, die Förderung einer positiven Grundhaltung (S. 69 ff.) sowie das Teilen von Verantwortung. **Betrachten Sie Wertschätzung daher nicht als etwas, das Sie davon abhält, Ihre Arbeit zu erledigen, sondern als wesentlichen Teil davon**.

Wussten Sie schon …

… dass Priming (siehe oben, Tipp 5) eine sehr wirksame Methode ist, um unsere Einstellungen zu steuern? Beim Priming handelt es sich um eine (Selbst)Beeinflussung durch Konzentration auf bestimmte Sachverhalte. In einer Studie ließ man die Teilnehmer*innen eine Prüfung schreiben, während im Raum ein nerviger Ventilator lief. Welche Personen fassten eher Mut, aufzustehen und den Ventilator auszuschalten? Diejenigen, die man vor der Prüfung über zurückliegende Erfolge nachdenken ließ. Sie hatten durch die Erinnerung daran (unbewusst) an Selbstbewusstsein gewonnen.

WENN SIE MEHR WISSEN MÖCHTEN

Appreciative Inquire Commons, im Netz auf: https://appreciativeinquiry.champlain.edu/ | **Eine kostenlose Quelle für Tipps und Tools** zur Förderung eines positiven Mindsets und einer wertschätzenden Intelligenz.

Baecker, Dirk; Kluge, Alexander: *Vom Nutzen ungelöster Probleme*, Berlin 2003 | Dieses Interview enthält sehr anregende Hinweise zum **postheroischen Management**.

Capelli, Peter; Tavis, Anna: „The Performance Management Revolution", in: *Harvard Business Review* October 2016 | Ein ausführlicher Artikel zur Geschichte der internen und externen **Motivationsmodelle am Arbeitsplatz**.

Gelles, David: *Mindful Work. How Meditation Is Changing Business from the Inside Out*, London 2015 | Falls Sie sich ausführlicher über **die steigende Bedeutung von Achtsamkeit und Meditation für den Unternehmenserfolg** informieren möchten.

Metzker, Carol; Thatchenkery, Tojo: *Appreciative Intelligence. Discover the Ability behind Creativity, Leadership and Success*, San Francisco 2006 | Ein sehr aufschlussreiches Buch zum Thema **wertschätzende Intelligenz**.

Singer, Tanja u. a.: www.compassion-training.org | Diese Seite gehört zu einem interdisziplinären Projekt, das die richtige individuelle Grundeinstellung für globales politisches Handeln erforscht. Hier finden Sie neben einem kostenlosen E-Book eine Vielzahl von Informationen zur Einnahme einer **wohlwollenden, fürsorglichen Einstellung** anderen Personen gegenüber. Hier finden Sie auch weitere Hinweise auf den **Unterschied zwischen Empathie und Mitgefühl** (englisch: *compassion*).

Zeng, Xianglong u. a.: „The effect of loving-kindness meditation on positive emotions. A meta-analytic review“, in: *Frontiers in Psychology*, 6 (2015) | Diese Metastudie zeigt die **Wirksamkeit der Loving-Kindness-Meditation**.

DIREKT UND RÜCKSICHTSVOLL

Wie wir kritisieren, ohne zu verletzen

Eine starke Wertschätzungskultur schließt die Äußerung von Veränderungswünschen oder direkte Verhaltenskritik nicht aus. Im Gegenteil. Falsch verstandene Rücksicht kann dazu führen, dass Mitarbeiter*innen nur kurzfristig geschont werden auf Kosten ihrer langfristigen Interessen oder derjenigen ihrer Teammitglieder. Andererseits kann eine direkte Kommunikation leicht starke Gefühle und Defensivmechanismen auslösen. In diesem Kapitel stellen wir Ihnen ein Modell vor, mit dessen Hilfe Sie Ihr aktuelles Feedbackverhalten zunächst einmal einordnen können, und geben Ihnen erste Tipps, wie Sie ebenso direkt wie fürsorglich mit Ihren Kolleg*innen umgehen können.

Vier Varianten, Kritik (nicht) zu äußern

Eine grundsätzliche Schwierigkeit beim Kritisieren ist, dass wir zwar ansprechen wollen, womit wir unzufrieden sind, unser Gegenüber aber auch nicht verletzen wollen. Viele von uns reagieren auf dieses Spannungsverhältnis mit einer der folgenden drei Varianten.

Falsches Mitgefühl: Wir wollen die andere Person möglichst schonend behandeln, indem wir nicht oder nicht ganz offen sagen, womit wir unzufrieden sind. Beispiel: *Weil ich sie nicht verletzen möchte, spreche ich eine Kollegin nicht darauf an, dass sie sehr häufig „eigentlich“ sagt.*

Rücksichtlose Offenheit: Wir teilen direkt mit, was wir denken, allerdings ohne Rücksicht auf die Bedürfnisse und Gefühle unseres Gegenübers, was oft zu Ärger, Schuldgefühlen oder Kränkungen führt. Beispiel: *Vor dem gesamten Team sage ich zur Kollegin: „Das* *wäre eigentlich ein guter Vortrag gewesen, wenn du nicht so häufig „eigentlich" gesagt hättest.*

Manipulative Zurückhaltung: Wie beim *falschen Mitgefühl* sprechen wir hier nicht oder nicht ganz offen an, was wir verändern wollen. Dabei geht es uns allerdings nicht um die Gefühle des anderen, sondern um uns selbst: Wir wollen vermeiden, dass andere uns weniger mögen oder schlecht über uns denken. Beispiel: *Weil ich nicht möchte, dass sie mir das übel nimmt, spreche ich eine Kollegin nicht darauf an, dass sie sehr häufig „eigentlich" sagt.*

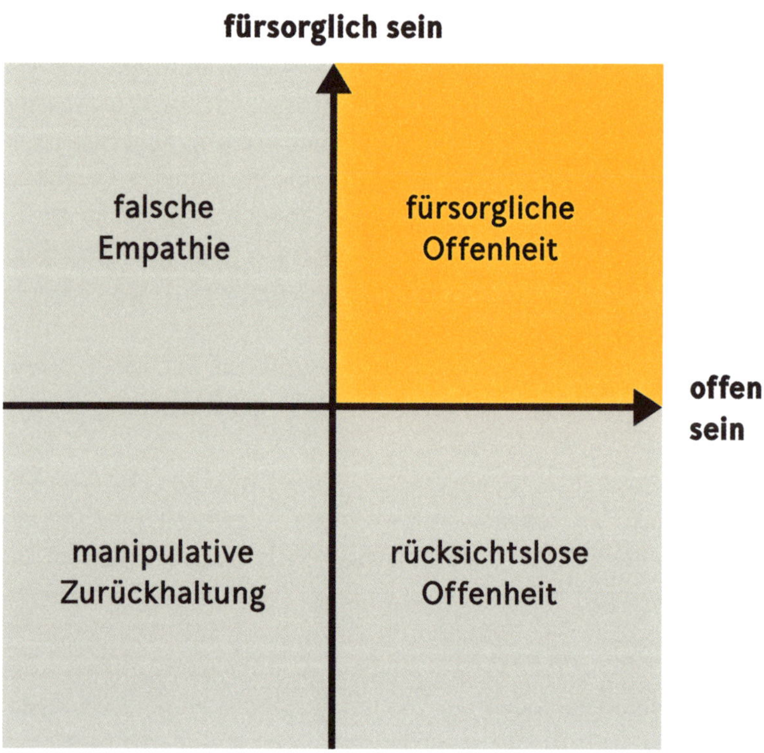

Abbildung nach: Scott, Kim: Radical Candor, New York 2017

Die vierte und konstruktive Form von Feedback besteht darin, offen über die Dinge zu sprechen, ohne unser Gegenüber zu verletzen. Kim Scott, von der dieses Modell stammt, nennt dies **fürsorgliche Offenheit** (englisch: *radical candor*). Beispiel: *Ich weise die Kollegin unter vier Augen darauf hin, dass sie oft „eigentlich" sagt und dass ich* *fürchte, sie schade damit ihrer Wirkung, was sie sicher nicht wolle. Ich schlage vor, ihr in der nächsten Präsentation ein kleines Zeichen zu geben, falls es wieder passiert.*

DAS KÖNNEN SIE TUN

1 Fragen Sie sich zunächst, **in welchem Sektor Sie sich selbst verorten würden**. Wohin tendieren Sie in der Regel? Versuchen Sie, sich an konkrete Situationen zu erinnern, in denen es Ihnen schwergefallen ist, entweder direkter oder fürsorglicher zu sein. Woran hat das jeweils gelegen? Fragen Sie auch Kolleg*innen oder Freund*innen, in welchem Bereich diese Sie einordnen würden. Mitunter kommt es hier zu Überraschungen.

2 Die Angst davor, die eigene Meinung[1] zu sagen, verstärkt sich, wenn **klare Regeln** zur Übermittlung von unangenehmen Informationen fehlen. Dieses Buch enthält viele Beispiele für solche Regeln, u. a. die Aufnahme von Verbesserungsvorschlägen in wechselseitige Feedback-Bögen (S. 146), die Festlegung von Sprechzeiten und ausdrückliche Hinweise, mit welchen Dingen man zu Vorgesetzten oder Kolleg*innen kommen kann und sollte (S. 88 f.), die Schaffung von Puffern nach Meetings für unmittelbares Feedback (S. 135) oder die Einrichtung von Kanälen für niederschwelliges Feedback (S. 65). – Eine recht unscheinbare, aber wirkungsvolle Methode, ein wenig Unsicherheit zu beseitigen, besteht darin, die andere Person einfach zu fragen, ob sie gerade offen für Feedback ist: „Darf ich dir ein kurzes Feedback geben?“ Auf diese Weise wird dem Gegenüber ein gewisses Maß an Kontrolle gegeben, was die Aufnahme der Kritik nachweislich erleichtert.

3 Benutzen Sie folgende **Checkliste**, bevor Sie etwas kritisch ansprechen wollen. Sie kann Ihnen helfen, Ihre Motive zu klären.

---

[1] Auch wenn Sie fest davon überzeugt sind, die Wahrheit zu kennen: Denken Sie daran, dass es sich stets nur um Ihre Meinung bzw. um Ihre Sicht auf die Dinge handelt. Durch diese Bescheidenheit ermutigen Sie Ihr Gegenüber, an einem reicheren Bild der Wirklichkeit mitzuarbeiten und leichter neue Ideen und Ergänzungen beizusteuern.

Gehen Sie dazu vor einem Gespräch kurz in sich und überlegen Sie, was genau Sie mit Ihrer Äußerung erreichen wollen. Möchten Sie:

- Recht behalten
- Dampf ablassen
- Schuld zuschreiben
- für mehr Klarheit sorgen
- der anderen Person helfen, sich weiterzuentwickeln

Fragen Sie sich dann noch einmal, ob es sich lohnt, die Sache anzusprechen. Oft erzeugt bereits diese kleine Überlegung mehr Sicherheit und ermöglicht eine klarere Herangehensweise.

4 Verbinden Sie Kritik stets mit dem Hinweis darauf, warum nach Ihrer Einschätzung eine Verhaltensänderung **im Interesse der betreffenden Person** ist. Statt einfach nur direkt zu sagen: „Schau nicht ständig aufs Handy im Meeting!" könnten Sie mit Bezug auf die Wirkung dieses Verhaltens z. B. Folgendes formulieren: „Mir ist aufgefallen, dass du in Meetings häufig aufs Handy schaust. Dabei kann der Eindruck entstehen, dass du nicht an der Meinung der anderen interessiert bist. Ich weiß, wie wichtig dir ein konstruktiver, respektvoller Umgang miteinander ist." Sie können diesen Hinweis noch verstärken, indem Sie Ihre Hilfe anbieten bzw. einen Verbesserungsvorschlag machen. In diesem Fall könnte der z. B. so lauten: „Was hältst du davon, wenn wir alle grundsätzlich auf unsere Handys in Sitzungen verzichten würden?" Der Bezug auf die Bedürfnisse der kritisierten Person sowie das Anbieten einer konkreten Lösungsmöglichkeit zeugen von Fürsorge und Wertschätzung, ohne dass dabei die Offenheit leidet.

5 In den folgenden Kapiteln finden Sie eine Vielzahl von Tipps, starke Gefühlsreaktionen beim Feedback zu reduzieren und eine wertschätzende und bedürfnisorientierte Kommunikation aufzubauen. Dazu gehört, die eigene Meinung ausdrücklich nur als eine unter mehreren möglichen zu betrachten (S. 147), sich nach Bedürfnissen zu erkundigen (S. 90, 144 f.), die andere Person miteinzubeziehen (S. 134), Kritik wie auch Lob nicht auf die Person, sondern auf ihr Verhalten zu beziehen (S. 153), zukunftsbezogen Feedback zu geben (S. 52), kein Feedback-Sandwich zu benutzen

(S. 150) und viele mehr. – Kehren Sie nach der Lektüre dieses Buches und nach der Verwendung des Logbuchs zu dem obenstehenden Modell zurück und versuchen Sie sich neu zu verorten: **Wo befinden Sie sich jetzt?** Welche Tricks, Tools und Überlegungen haben Ihnen besonders geholfen, sich häufiger im rechten oberen Quadranten aufzuhalten?

Wussten Sie schon ...

In der Psychologie nennt man unsere Abneigung, schlechte Nachrichten zu überbringen, *MUM-Effekt* (= minimize unpleasant message). Er beruht auf unserer Sorge, auf der Gegenseite Gefühle wie Schuld oder Scham hervorzurufen oder selbst weniger gemocht zu werden, wenn wir unangenehme Dinge mitteilen. In hierarchischen Organisationen kann der Effekt verheerende Folgen haben, insofern wichtige, aber unerwünschte Informationen von Ebene zu Ebene weiter abgeschwächt werden, bis sie die Führungsebene schließlich als positive Nachrichten erreichen. Richard Feynman, einer der größten Physiker des letzten Jahrhunderts, hat den MUM-Effekt mitverantwortlich gemacht für den Absturz des Space-Shuttles *Challenger* im Jahre 1986.

WENN SIE MEHR WISSEN MÖCHTEN

Feynman, Richard: „Personal observations on the reliability of the Shuttle. Appendix F to the Rogers Commission Report on the Space Shuttle Challenger Accident“ 1986, https://science.ksc.nasa.gov/shuttle/missions/51-l/docs/rogers-commission/Appendix-F.txt | Hier finden Sie Richard Feynmans Anmerkungen über den Absturz der *Challenger*, der seinen Hinweis auf den Anteil des **MUM-Effekts** daran (den er hier nicht so nennt) enthält. Übrigens: Der Informationsdesigner Edward Tufte macht in seinem überaus spannenden Buch *The Visual Display of Quantative Information* eine irreführende graphische Darstellung von Daten für die Katastrophe mitverantwortlich.

Scott, Kim: *Radical Candor*, New York 2017 | In diesem ganz wunderbaren Buch, das randvoll mit Tipps und wertvollen Erfahrungen aus der Management-Praxis steckt, können Sie Genaueres über das **Radical-Candor-Modell** erfahren.

Tesser, A.; Rosen, S.: „The reluctance to transmit bad news“, in: Berkowitz, L. (Hg.): *Advances in experimental social psychology* 8 (1975), S. 194–232 | Falls Sie mehr über den **MUM-Effekt** erfahren möchten.

Zenger, Jack; Folkman, Joseph: „Why Do So Many Managers Avoid Giving Praise?“, in: *Harvard Business Review*, Mai 2017 | Der Artikel zeigt die **unterschiedliche Gewichtung, die Führungskräfte und Mitarbeiter*innen negativem und positivem Feedback geben** und führt einige Gründe dafür an.

DAS GROWTH MINDSET

Wie wir Lernbereitschaft und Kritikfähigkeit fördern

Der Psychologin Carol Dweck fiel in den 90er Jahren auf, dass bestimmte Kinder gern immer schwerere Rätsel lösen wollten, während andere lieber beim gleichen Schwierigkeitsgrad blieben. Die einen suchten die Herausforderung, die anderen vermieden sie. Dweck kam zu dem Schluss, dass hinter diesen Reaktionen unterschiedliche Grundhaltungen stehen: ein *Growth Mindset* im ersten, ein *Fixed Mindset* im zweiten Fall. Wie sich zeigte, treten diese Haltungen nicht nur bei Kindern, sondern auch bei Erwachsenen auf. Sie bestimmen den Umgang mit Herausforderungen, die Bereitschaft, sich weiterzuentwickeln, sowie ganz wesentlich den beruflichen Erfolg.

Das Fixed Mindset: „Ich bin so, wie ich bin."

Wer ein Fixed Mindset hat, ist überzeugt, dass unser Charakter, unsere Fähigkeiten und unsere Intelligenz festgelegt, also „fixed" sind und dass wir uns, wenn überhaupt, nur unwesentlich ändern können. Mit diesem Selbstverständnis glauben wir, dass unser Verhalten *nur ausdrückt*, wer und wie wir *eigentlich sind*. Das mag unbedenklich klingen, erzeugt im Arbeitsalltag aber eine Reihe von Problemen. So nehmen Menschen mit einem Fixed Mindset negative Kritik oft persönlich, statt sie auf ein Verhalten zu beziehen, dass sich ändern lässt. Auch bei Fehlern oder bei Aufgaben, die ihnen schwerfallen, ziehen sie oft den Schluss, unfähig, dumm oder gescheitert zu sein. Dabei sehen Sie sich häufig als passives Opfer der Umstände. Das führt dazu, dass sie Aufgaben bevorzugen, bei denen sicher ist, dass sie sie erfolgreich erledigen können. Dieses Streben nach sicherem Erfolg und die Vermeidung von Fehlern dienen dazu, das eigene Selbstbild aufrecht zu erhalten. Allgemein gesagt verringert ein Fixed Mindset die Motivation für Veränderungen und die Offenheit im Umgang mit Fehlern.

Wer ein Fixed Mindset hat, …

- spielt oft Kritik herunter oder nimmt sie persönlich,
- sucht weniger Feedback bzw. vermeidet es aktiv,
- hat Schwierigkeiten, Fehler zuzugeben,
- vermeidet neue Herausforderungen,
- hält die Möglichkeit zur persönlichen Weiterentwicklung für gering und lehnt diese oft ab und
- glaubt, dass auch andere sich kaum weiterentwickeln können, weshalb z. B. Führungskräfte mit einem Fixed Mindset andere weniger bei deren Weiterentwicklung unterstützen.

Das Growth Mindset: „Ich bin das, was ich tue."

Dem Growth Mindset (auf Deutsch ungefähr „Entwicklungsbereitschaft“) liegt die Überzeugung zugrunde, die eigenen Fähigkeiten und Eigenschaften wesentlich beeinflussen zu können. Personen mit einem Growth Mindset definieren sich stärker über ihr Verhalten als über den Charakter. Kritik und Fehler werden nicht als mangelnde Intelligenz oder als Scheitern der eigenen Person angesehen, sondern als Möglichkeiten, sich weiterzuentwickeln. Daher betrachten Menschen mit einem Growth Mindset neue Aufgaben stets auch als Chancen, dazuzulernen. Sie erfahren sich als aktive Mitgestalter der eigenen Umwelt. Diese Haltung zeigen sie auch anderen Menschen gegenüber, die sie, wie auch sich selbst, als entwicklungsfähig betrachten. Wird ein Growth Mindset im Unternehmen gelebt, sind die Beschäftigten motivierter, auch schwierige Aufgaben anzupacken und offen über Fortschritte, Probleme und Unsicherheiten zu sprechen. Damit unterstützt das Growth Mindset auch die psychologische Sicherheit (S. 39) und Fehlerfreundlichkeit (S. 47) in Unternehmen.

Wer ein Growth Mindset hat, …

- holt sich häufiger Feedback und nimmt Kritik leichter an,
- verarbeitet Rückschläge besser,
- ist beharrlicher bei der Lösung von Problemen,
- nimmt Herausforderungen eher als eine Chance wahr, dazuzulernen,
- ist offener im Umgang mit Fehlern und Unsicherheiten,
- erkennt und fördert bei sich und anderen eher Entwicklungspotenziale und
- findet im Erfolg anderer Inspiration, statt sich davon bedroht zu fühlen.

Das Gute ist: **Wir sind nicht auf ein Mindset festgelegt**. Die Forschung zeigt, dass wir die Einnahme der jeweiligen Haltung aktiv beeinflussen können. Das gilt sowohl für die eigene als auch für die Einstellung anderer. Zudem ist niemand ausschließlich *fixed* oder wachstumsorientiert. Jeder von uns hat andere Bereiche, in denen wir uns entwicklungsfähiger fühlen. – Es lohnt sich, den Spielraum für die Veränderung unseres Mindsets zu nutzen. Die positiven Folgen für das Arbeitsleben sind enorm.

DAS KÖNNEN SIE TUN

1 Versuchen Sie, in kritischem Feedback, das Sie erhalten, stets Möglichkeiten zu entdecken, dazuzulernen und sich weiterzuentwickeln, auch wenn Ihnen dies zunächst schwerfallen mag. Geben Sie Reflexen der Selbstverteidigung oder Selbstbezichtigung nicht nach, sondern fragen Sie sich stets: **Was kann ich daraus mitnehmen?** Was bringt mich daran weiter?

2 **Feiern Sie bestandene Herausforderungen**, erfolgreiche Zwischenschritte und Lernerfolge, sowohl bei sich selbst als auch im Team. Hier gilt: Lieber einmal mehr als einmal zu wenig gefeiert. Dies kann in Form einer Rundmail geschehen, in der Sie Ihre Freude über das Erreichte ausdrücken, oder einem High-Five mit Ihren Kolleg*innen oder in einem größeren Rahmen. Seien Sie hier ruhig kreativ! Vor allem in Mitarbeitergesprächen ist es essenziell, überwundene Schwierigkeiten und Fortschritte hervorzuheben. (Mehr erfahren Sie auf S. 65, 137.)

3 Sprechen Sie bei Ihren Mitarbeiter*innen **konkrete Handlungen** an, um ihr Growth Mindset zu stärken, und nicht allgemeine Eigenschaften wie Intelligenz, Charakter oder Talent. Vermeiden Sie Sätze wie „Du bist sehr talentiert / begabt / klug / eine super Designerin". Bevorzugen Sie Formulierungen wie: „Ich fand wunderbar, wie viel Zeit du dir gestern für den Praktikanten genommen hast" oder auch: „Ich bin beeindruckt, wie zielstrebig du das Projekt zu Ende geführt hast". Damit lenken Sie die Wahrnehmung auf einzelne Handlungen, die man leichter beeinflussen kann als allgemeine Eigenschaften. Außerdem fühlen sich Mitarbeiter*innen durch diese Art des spezifischen Lobens besser gesehen und dadurch mehr wertgeschätzt.

4 Wenn Sie Ziele festlegen, ganz gleich ob für sich selbst oder gemeinsam mit Ihren Kolleg*innen, dann achten Sie darauf, **entwicklungsorientiert zu formulieren**. Benutzen Sie prozessorientierte Wörter wie „verbessern", „Fortschritt", „wachsen". Also statt: „Ich möchte *gut darin sein*, meine Ideen zu kommunizieren" sagen Sie eher: „Ich möchte *lernen, wie ich besser* darin werde …". Oder statt: „Ich möchte meine Zeit besser managen" sagen Sie: „Ich *möchte mich verbessern* im Umgang mit meiner Zeit." – Wie die Forschung zeigt, macht dies tatsächlich einen Unterschied, wenn Sie es konsequent befolgen.

5 Erschließen Sie gemeinsam **konkrete, einfache Handlungsmöglichkeiten** bei größeren Herausforderungen. Hierbei können Sie folgende Fragen verwenden: „Hast du oder jemand anders dieses Problem schon einmal in einem anderen Kontext gelöst, vielleicht auch teilweise? Wie könnte man darauf aufbauen?" / „Was ist eine Sache, die bereits gut funktioniert?" / „Was wäre ein erster, einfacher Schritt zur Lösung, den du jetzt sofort umsetzen könntest?"

6 **Vergleichen Sie Mitarbeiter*innen nicht untereinander**, sondern entweder mit ihren zurückliegenden eigenen Leistungen oder mit ihrem *best self*, also der persönlichen Verfassung, in der wir unsere eigenen Fähigkeiten am besten ausüben. Gehen Sie mit sich selbst genauso um. Der ständige Vergleich mit anderen triggert Statusängste, die unser Fixed Mindset verstärken, und führt auch grundsätzlich zu größerer Unzufriedenheit, beruflich wie privat.

7 **Trainieren Sie Ihr eigenes Growth Mindset zunächst an einer einzelnen Kompetenz**, zum Beispiel am Feedback-Geben. Betrachten Sie das Führen schwieriger Gespräche nicht als Fähigkeit, die man hat oder nicht, sondern finden und ergreifen Sie in der Praxis Gelegenheiten, sich diese Fähigkeit anzueignen (siehe *Feedforward* S. 166). Dieses Buch hilft Ihnen dabei. Übertragen Sie anschließend Ihre Erfahrungen bewusst auf andere Bereiche.

8 Die meisten Menschen behaupten, dass sie einfach kein Talent fürs Zeichnen hätten. Falls Sie sich selbst aber mit einem **besonders anschaulichen Beispiel** davon überzeugen wollen, dass es – mit dem richtigen Mindset und etwas Übung – ganz leicht anders geht, dann schauen Sie sich doch einmal die Vorher-Nachher-Bilder an, die sich auf der Website der berühmten Zeichenlehrerin Betty Edwards finden: 🌐 www.drawright.com/before-after.

Wussten Sie schon …

Das World Economic Forum hat 2018 prognostiziert, dass bis 2022 für mehr als 50 % aller Beschäftigten erhebliche Umschulungen und Fortbildungen erforderlich sein werden. Ohne ein entsprechendes Mindset dürfte dies kaum zu erreichen sein.

WENN SIE MEHR WISSEN MÖCHTEN

Berg, Insoo; de Jong, Peter: *Lösungen (er-)finden. Das Werkstattbuch der lösungsorientierten Kurztherapie*, Dortmund 2014 | Hier finden

Sie viele praktische Hinweise zur Methode der **Lösungsorientierten Kurztherapie**, deren Pointe daran besteht, sich stärker auf Ziele und die Zukunft als auf Probleme und die Vergangenheit zu konzentrieren. Viele Methoden sind leicht auf die Arbeitswelt übertragbar.

Dweck, Carol: *Selbstbild. Wie unser Denken Erfolge und Niederlagen bewirkt*, München 2017 | **Wenn Sie ein ganzes Buch zum Thema lesen möchten: dies ist das beste.**

Dweck, Carol S. u. a.: „Parent Praise to 1–3 Year-Olds Predicts Children's Motivational Frameworks 5 Years Later", in: *Child Development* 84 (2013), S. 1526–1541 | Die Studie zeigt am Beispiel von Kindern, welchen Unterschied es macht, **prozess- statt eigenschaftsbezogen zu loben**.

Edwards, Betty: *Das neue Garantiert zeichnen lernen. Die Befreiung unserer schöpferischen Gestaltungskräfte*, übers. v. Wiebke Schmaltz, Reinbek bei Hamburg 2014 | **Mit diesem ganz wunderbaren Klassiker der Zeichenschule können Sie praktisch ihr Growth Mindset schulen**.

Heslin, Peter A. u. a.: „Keen to Help? Managers' Implicit Person Theories and Their Subsequent Employee Coaching", in: *Personnel Psychology* 59 (2006), S. 871–902 | Der Artikel zeigt, wie ein **Fixed Mindset die Unterstützung von Kolleg*innen bei ihrer Weiterentwicklung hemmt**.

Popova, Maria: „Fixed vs. Growth. The Two Basis Mindsets That Shape Our Lives", auf: www.brainpickings.org/2014/01/29/carol-dweck-mindset | Hier finden Sie eine **exzellente Zusammenfassung** zu den beiden Mindsets.

World Economic Forum: The Future of Jobs, 2018, im Netz auf: http://www3.weforum.org/docs/WEF_Future_of_Jobs_2018.pdf | Hier finden Sie fundierte Prognosen u. a. zu den **Kompetenzen der zukünftigen Arbeitswelt**.

PSYCHOLOGISCHE SICHERHEIT

Was wir von Google über Teamwork lernen können

Was ist der wichtigste Faktor für erfolgreiche Teamarbeit? Dieser Frage ging man bei Google im Jahr 2012 unter dem Projektnamen *Aristotle* nach und befragte dafür firmenweit mehr als 180 Teams. Das Ergebnis lautete: psychologische Sicherheit. Hinter diesem für die neue Arbeitswelt inzwischen zentralen Begriff verbirgt sich etwas, das in vielen Unternehmen und Organisationen fehlt:

> **Psychologische Sicherheit** ist ein Arbeitsklima, in dem alle Teammitglieder ohne Angst sie selbst sein können. Sie erlaubt, offen und ohne Risiko über die eigenen Gedanken, Gefühle und Fehler zu sprechen.

Fehlt in unserem Umfeld psychologische Sicherheit, dann konzentrieren wir uns darauf, uns selbst zu schützen und Kritik auszuweichen. In Meetings oder Gesprächen wägen wir ab, ob unsere Beiträge sozial erwünscht bzw. mehrheitsfähig sind. Oder wir äußern unsere Meinung nur, wenn sich diese mit der Meinung unserer Vorgesetzten deckt. Wir sind darauf bedacht, den eigenen Ruf nicht zu gefährden und halten Beiträge zurück, durch die wir als weniger klug, kompetent, kollegial oder engagiert wahrgenommen werden könnten. Wir sind weniger motiviert, über die Grenzen der eigenen Abteilung hinweg Kontakte aufzunehmen und werden durch die häufige Unterdrückung der eigenen Impulse schneller gestresst. Dies kann zu *stillen Unternehmen* führen, in denen fehleranfälliger und weniger innovativ gearbeitet wird und wichtige Entwicklungspotenziale nicht erschlossen werden.

Und was geschieht in einem Umfeld, in dem psychologische Sicherheit besteht? – Mitarbeitende, die sich psychologisch sicher fühlen, sind viel eher bereit, eigene Vorschläge einzubringen. Sie artikulieren frei Bedenken oder bestehende Schwierigkeiten, weil sie darauf vertrauen können, nicht als Miesmacher oder Projektbremse betrachtet zu werden. Sie fragen nach, wenn sie etwas nicht verstehen, statt Wissen vorzutäuschen. Sie haben keine Angst, um Hilfe zu bitten. Es fällt Ihnen leichter, Fehler anzusprechen und damit konstruktiv umzugehen. Kurz: Psychologische Sicherheit fördert die Bereitschaft, sich kreativ, kritisch und offen einzubringen. Sie stellt eine Atmosphäre des Vertrauens, der Kooperation und der Wertschätzung für andere Meinungen dar.

Je hierarchischer ein Unternehmen strukturiert ist, desto geringer ist in der Regel die psychologische Sicherheit. Hierarchien haben Vorteile, wenn das Umfeld stabil, überschaubar und vorhersagbar ist. In eher ungewissen, wechselhaften und innovationsintensiven Umgebungen wie beispielsweise den digitalen Märkten sind flach organisierte Teams meist erfolgreicher. In ihnen verteilen sich Informationen besser und es ist leichter, all die Fähigkeiten einzubringen, die nötig sind, um kurzfristige Änderungen vorzunehmen oder komplexe Probleme zu bewältigen. „Flach" bedeutet hier, dass Verantwortung stärker geteilt wird und wichtige Entscheidungen grundsätzlich von vielen getroffen werden können.

Grafik nach: Kienbaum/Stepstone

Auch in vielen Not- und Ausnahmesituationen kann ein offener, psychologisch sicherer Austausch zu besseren Ergebnissen führen. Hierfür gibt es in der Luftfahrt viele Beispiele. So wurde anhand von simulierten Flugzeug-Havarien gefragt: Welche Teams finden in den entscheidenden 30–45 Sekunden vom ersten Anzeichen eines Problems bis zu dessen Eintreten die besten Lösungen? Die Antwort: Offene, die Meinungen anderer einbeziehende Piloten trafen die besseren Entscheidungen als ihre bauchgetriebenen, autokratischen Kollegen. Co-Piloten teilten bei sehr selbstbewussten Piloten weniger offen ihr Wissen, selbst wenn es relevant war. Die entscheidende Frage der erfolgreichen Piloten lautete: „Wir haben ein Problem. Was halten Sie davon?".

DAS KÖNNEN SIE TUN

1 Gehen Sie von der Gewohnheit, alle Probleme selbst lösen zu wollen, zur **Kompetenz über, die Lösung zu koordinieren**. Die wichtigste Verantwortung kommt hierbei Führungskräften zu. Holen Sie in Meetings und Mitarbeitergesprächen aktiv, offen und zunächst wertungsfrei die Meinungen anderer ein. Denken Sie an die Frage der erfolgreichen Piloten: „Wir haben folgende Situation: … Was halten Sie davon?"

2 Versuchen Sie noch einen Schritt weiter zu gehen: **Stehen Sie zu Ihren Unsicherheiten**, indem Sie sie als Einladungen zum Mitdenken verstehen. Ermutigen Sie andere zu Ergänzungen, Hinweisen und zum Ausdruck der eigenen Sichtweise, insbesondere bei komplexen Problemen und unter ungewissen Umständen: „Gibt es hier etwas, das ich übersehe?" / „Ich könnte mich hier irren." / „Was spräche dagegen?" Dieses Vorgehen aktiviert nicht nur die Kompetenzen der anderen Teammitglieder und bezieht sie motivierend in Entscheidungsprozesse mit ein, sondern weckt auch unsere natürliche Neigung, einander zu helfen. Nicht auf alles eine Antwort zu haben, geht übrigens mit keinem Gesichtsverlust einher. Im Gegenteil. So haben Studien gezeigt, dass Patient*innen in der Regel diejenigen Ärzt*innen für kompetenter halten, die ihre Ungewissheit bei einer Diagnose zugeben und versprechen, sich genauer zu informieren oder sich mit anderen Kolleg*innen auszutauschen.[2] Und wie sich zeigte, waren die entsprechenden Diagnosen genauer.

[2] Zudem ergeben Umfragen immer wieder, dass diese Form wertschätzender Bescheidenheit zu den Top 3-Eigenschaften von Führungskräften zählt.

3 Richten Sie **Teambonding-Events** aus. In diesen sollten die Teilnehmenden idealerweise kleine Grenzen überschreiten und gemeinsam Herausforderungen meistern. Es muss übrigens nicht immer Floßbau sein – werden Sie hier ruhig kreativ! Wenn Sie sehr mutig sind, könnten Sie zum Beispiel einmal Improv-Theater ausprobieren (S. 165). Wenn Sie darauf achten, dass Ihr Team gemeinsam Hürden überwindet, erhalten die Teilnehmenden die Möglichkeit, sowohl ihre Fähigkeiten zu zeigen, als auch das Gefühl zu entwickeln, zusammen an einem Strang zu ziehen.

4 Zweifellos: Entscheidungen müssen gefällt, Projekte abgeschlossen und Aufgaben erledigt werden. Betrachten Sie Ihre Arbeit jedoch nie allein als ein Ausführungsproblem, sondern stets auch als einen Lernprozess. **Nehmen Sie eine Lernhaltung ein!** So werden sie aufgeschlossener für die Perspektiven und Meinungen anderer. Diese Aufgeschlossenheit und Lernbereitschaft ist zentral für psychologische Sicherheit. Leitfragen in jedem Meeting und in jedem Gespräch sollten sein: „Was können wir daraus mitnehmen?" oder „Was haben wir heute gelernt?". Dies trifft insbesondere auf Fehler zu. Dabei müssen Sie die Fragen nicht immer offen ans Plenum stellen sondern können Sie auch still an sich selbst richten. Um eine Lernhaltung einzunehmen, können Sie auch im Stillen reflektieren.

5 Erleichtern Sie Mitarbeiter*innen, ihre eigene Sicht der Dinge auszudrücken, indem Sie **Projektbesprechungen, Retrospektiven und Meetings auf ungewöhnliche Weise** durchführen. Fragen Sie z. B. zum Einstieg: „Stellt euch vor, die letzte Woche wäre ein Film gewesen. Um was für einen Film hätte es sich gehandelt? Wer waren die Hauptdarsteller*innen? Was waren Überraschungsmomente? Was war lustig? Was gruselig?" Oder stellen Sie Ihre Sitzungen doch mal unter ein ungewöhnliches Motto. Oder machen Sie ein unterhaltsames Warm-up. Oder verkleiden Sie sich ein wenig, z. B. mit kleinen Hüten oder roten Nasen[3]. Aus all diesen Dingen

---

[3] Diese Anregung klingt zunächst vielleicht absurd, aber zum einen ist das durchaus erfolgreiche Praxis in einigen Unternehmen, zumal bei größeren Rückschauen, und zum anderen hat man z. B. gezeigt, dass Menschen weniger Angst beim Singen haben, wenn sie dabei ein kurioses Stirnband tragen. Dies funktio-

können Sie auch Rituale machen, die als solche die psychologische Sicherheit im Team nachhaltig erhöhen. – Falls Sie diese eher spielerischen Formen, Rückschau zu halten, (noch) nicht einsetzen wollen, können Sie auch eine klassische **Learning-Matrix** verwenden. Sie ist zukunftsorientiert, gewichtet Positives stärker und erleichtert, eine Sprache der Scham und Schuldzuweisung zu vermeiden (S. 74).

6 Üben Sie sich im **aktiven Zuhören**. Stellen Sie sicher, dass Sie Ihr Gegenüber wirklich verstanden haben. Dazu gehört auch: Erlauben Sie keine Unterbrechungen – weder durch den Laptop oder das Handy noch durch andere Personen. Greifen Sie ein, wenn im Meeting jemand unterbrochen wird und sorgen Sie dafür, dass die Person zu Wort kommt. Mehr zu diesem Thema erfahren Sie im Kapitel *Zuhören = Management* auf S. 85.

7 Grundlage von psychologischer Sicherheit ist auch **Transparenz**. Diese umfasst einerseits die Nachvollziehbarkeit der Entscheidungen auf Unternehmensebene, eine klare Kommunikation von wechselseitigen Erwartungen und die Kenntnis bzw. das Abfragen von Interessen, Stärken und persönlichen wie beruflichen Zielen der Mitarbeiter*innen. Begründen Sie Ihre Entscheidungen und stellen Sie sicher, dass die Begründungen nachvollziehbar sind. Teilen Sie Informationen über Ihre persönliche Arbeitsweise und ermuntern Sie Kolleg*innen, dies auch zu tun. Das beseitigt Unsicherheiten und schafft Anknüpfungspunkte im Dialog (S. 144 f.).

8 Heben Sie hervor, wenn Mitarbeiter*innen eine schwierige Aufgabe auch deshalb erfolgreich lösen konnten, weil Sie **um Rat gefragt oder um Mithilfe gebeten** haben, insbesondere wenn diese Zusammenarbeit abteilungsübergreifend stattgefunden hat.

9 **Machen Sie es zur Regel, dass abweichende Meinungen gehört werden**. Dazu können Sie z. B. die Rolle des *Advocatus Diaboli* (deutsch: Anwalt des Teufels) benutzen. Wer diese Rolle übernimmt, darf explizit kritisieren, d. h. alle möglichen Nachteile

---

niert gemäß dem – heiter umgesetzten – Spruch: Ist der Ruf erst ruiniert, singt sich's gänzlich ungeniert. Dies lässt sich leicht auf den Arbeitskontext übertragen. Dafür braucht es meist nicht viel mehr als ein wenig Mut.

eines Vorschlages oder Hindernisse bei der Umsetzung vortragen. Hierbei kann es hilfreich sein, die Einnahme der Rolle mit einem Ritual zu verbinden, z. B. dem „Ausspielen“ einer entsprechenden Karte, die in Meetings dafür bereitliegt, oder dem Einsatz einer kleinen Puppe. Wichtig bei all diesen Praktiken ist, dass die abweichende Meinung durch die Rolle bzw. eine ausdrückliche Regel geschützt ist. So verringert sich die Unsicherheit, die auf die Frage folgt: „Ist jemand gegenteiliger Meinung?“. Diese Methode ist das Gegenstück zum *Plussing,* bei der das Team gemeinsam aufgefordert ist, ausschließlich die Vorteile eines Vorschlages zu betonen, um ihn möglichst stark zu machen (S. 162).

10 Und einer der wichtigsten Tipps: **Gehen Sie offen und konstruktiv mit Fehlern um**. Mehr dazu erfahren Sie im anschließenden Kapitel.

Wussten Sie schon …

Psychologische Sicherheit war der wichtigste von insgesamt fünf Faktoren, die laut Google wesentlich für erfolgreiches Teamwork sind. Die nachfolgenden Plätze belegen diese Faktoren:

2. **Verlässlichkeit**
   Die Arbeit wird fristgerecht und ordentlich erledigt.
3. **Struktur und Klarheit**
   Die Teammitglieder haben klare Rollen und Ziele.
4. **Sinnhaftigkeit**
   Die Arbeit wird als sinngebend empfunden.
5. **Auswirkung**
   Man sieht, dass die eigene Arbeit etwas bewirkt.

WENN SIE MEHR WISSEN MÖCHTEN

Allen, Robert L. u. a.: *Spectacular Teamwork*, Hoboken 1987 | Hier finden Sie Beispiele, wie psychologische Sicherheit die **Zusammenarbeit in der Luftfahrt verbessert**.

Anicich, Eric M. u. a.: „Hierarchical cultural values predict success and mortality in high-stakes teams", in: *PNAS* 112 (2015), S. 1338–1343. | Dieser Artikel zeigt anhand der Untersuchung von 5000 Expeditionen im Himalaya, dass die **Überlebenswahrscheinlichkeit in flach organisierten Teams höher ist als die in hierarchischen**.

Baecker, Dirk; Kluge, Alexander: *Vom Nutzen ungelöster Probleme*, Berlin 2003 | Dies ist ein **wunderbares Gespräch über modernes Management und psychologische Sicherheit** (wenngleich nicht unter diesem Namen).

Edmondson, Amy C.: „Psychological Safety, Trust, and Learning in Organizations: A Group-level Lens", in: Kramer, R. M.; Cook, K. S. (Hg.): *The Russell Sage Foundation series on trust. Trust and distrust in organizations: Dilemmas and approaches*, New York 2011, S. 239–272 | Ein guter Artikel zur Einführung in das **Konzept der psychologischen Sicherheit**.

Edmondson, Amy C.; Lei, Zhike: „Psychological Safety: The History, Renaissance, and Future of an Interpersonal Construct", in: *Annual Review Organizational Psychology and Organizational Behavior*, 2014, S. 24–43 | Ein guter Überblick zur **Geschichte der psychologischen Sicherheit**.

Kienbaum Consultants International; Stepstone Deutschland: „Organigramm deutscher Unternehmen. Wie Führungskräfte die neue Arbeitswelt erfolgreich gestalten können", Köln; Düsseldorf 2017 | Über die **Korrelation von flachen Hierarchien und Innovation in Unternehmen**.

Rozovsky, Julia: „The five keys to a successful Google team", 2015, auf: https://rework.withgoogle.com/blog/five-keys-to-a-successful-google-team/ | Hier finden Sie Googles Studie *Aristotle* über **die wichtigsten Faktoren für erfolgreiches Teamwork**.

FEHLERFREUNDLICHKEIT

Wie wir konstruktiv mit Fehlern umgehen

Vor allem zwei Dinge hindern uns daran, konstruktiv mit Fehlern umzugehen: (1) Wir neigen dazu, sie automatisch mit Schuld und Rechtfertigungen zu verbinden. Als Reaktion darauf versuchen wir, Fehler möglichst geheim zu halten, abzustreiten oder auf andere zu schieben. (2) Die meisten von uns haben spätestens in der Schule das Schema erworben, dass man nur dann gut ist, wenn man (sofort) die richtigen Antworten weiß. Daher geben wir unser Nichtwissen nur äußerst ungern zu. Beide Tendenzen erschweren ein fehlerfreundliches, lernorientiertes Arbeiten und damit auch den Aufbau einer nachhaltigen Wertschätzungskultur.

Fehlerfreundlichkeit bedeutet, Irrtümer, Fehlschläge und Missverständnisse offen anzusprechen, um gemeinsam möglichst viel daraus zu lernen.

Mangelnde Fehlerfreundlichkeit wird oft bedingt von einem *Know-it-all-Mindset* (deutsch: Auskennertum). Viele von uns, insbesondere Führungskräfte, definieren sich darüber, auf alles die richtige Antwort zu haben. Abgesehen davon, dass es sich dabei meist um Selbstüberschätzung und ein mangelndes Bewusstsein der eigenen blinden Flecken handelt (siehe S. 124 f.), wird dadurch das Wissen anderer vernachlässigt und damit Lern- und Wertschätzungsgelegenheiten verpasst. Zum anderen erschwert *Mikromanagement nach oben* eine produktive Fehlerkultur. Es besteht im beständigen Versuch, sich bei Vorgesetzten zu versichern, dass man alles richtig macht. Wenn keine klaren Strukturen zur Artikulation von Fehlern bestehen, erhöht sich die betreffende Angst. Stress und Prokrastination verstärken diese Angst weiter, wodurch uns wiederum häufiger Fehler unterlaufen. – Ein offener Umgang mit Fehlern hingegen setzt die durch *Mikromanagement nach oben* gebundenen Energien frei und hilft, entspannter, kreativer und leistungsfähiger zu arbeiten.

Fehlerfreundlichkeit wird bestimmt von einer grundsätzlichen Lernorientierung, die von einem offenen Austausch lebt. Leitend dabei ist das übergeordnete Ziel, die Arbeit und die Fähigkeiten im Team nachhaltig zu verbessern. Teams, deren Erfolg auch darauf beruht, offen über ihre Fehler zu sprechen, haben drei Dinge verinnerlicht:

- Aus Fehlern, die einzelne begehen, können alle lernen.
- Die Energie, die wir oft zur Vertuschung von Fehlern oder zur Rechtfertigung aufwenden, lässt sich sinnvoller zur Analyse und zur Verbesserung einsetzen.
- Aus Fehlern lernt man oft mehr als aus Erfolgen, weil man Fehlerquellen und Möglichkeiten zu ihrer Vermeidung besser erkennt.

Diese Praxis des offenen Austauschs über die eigenen Fehler führt *nicht* zu einem Verlust an Gewissenhaftigkeit oder Produktivität. Im Gegenteil: Das schnelle und klare Ansprechen von Fehlern kann das Risiko einer Wiederholung verringern und rechtzeitige Kurskorrekturen ermöglichen.[4]

DAS KÖNNEN SIE TUN

1 **Besprechen Sie im Team**, welche Arten von Fehlern bei der Arbeit auftreten können und wie ein konstruktiver Umgang damit möglich wird. Dies sorgt für ein besseres Verständnis für das Thema und erhöht die Offenheit, darüber zu reden. Mögliche Fragen für eine solche Sitzung sind:

---

[4] Beim Umgang mit sehr leistungsstarken Teams entsteht oft der kuriose Eindruck, in ihnen würden häufiger Fehler begangen. Tatsächlich kommt dieser Eindruck aber daher, dass man dort offener darüber spricht.

- *Was sind eigentlich Fehler?*
- *Welche sind schwerwiegend, welche nicht?*
- *Welche Fehler können korrigiert werden?*
- *Was hält euch davon ab, Fehler zuzugeben?*
- *Was würde euch dabei helfen, Fehler zuzugeben?*

2 Versuchen Sie sich **nicht als allwissend, sondern eher als lebenslang lernend**[5] zu verstehen. Der Mut zur eigenen Wissenslücke hat dabei eine Reihe von Vorteilen. Zum einen erschließen Sie mit dem Eingeständnis von Wissenslücken oder Fehlern sowohl für sich wie für andere Lernmöglichkeiten, die sonst ungenutzt geblieben wären. Zum anderen stellen Sie in Ihrem Umfeld so größere psychologische Sicherheit her (siehe S. 39). Und schließlich besteht eine wichtige Kompetenz der neuen Arbeitswelt darin, sich beständig an geänderte Bedingungen anzupassen. Ohne die Bereitschaft, gemeinsam aus Fehlern zu lernen, ist diese Fähigkeit schwer zu erwerben.

3 Machen Sie es sich zur Angewohnheit, auf Fehler von Mitarbeiter*innen stets mit **Verständnisinteresse** für die Hintergründe und die genaueren Umstände zu reagieren. Schalten Sie von unproduktiven „Schuldohren" auf konstruktive „Verständnisohren" um. Orientieren Sie sich dabei an dem Satz:

> Der Fehler ist das Problem, nicht der Mensch dahinter.

Bewerten Sie weniger und analysieren Sie mehr. Versuchen Sie, den Sachverhalt zunächst mit den Augen der anderen Person zu sehen, indem Sie sich die Umstände aus ihrer Sicht schildern lassen: „Erzähl mal, wie du vorgegangen bist!". Vermeiden Sie dabei beschuldigende Formulierungen wie „Warum hast du das getan?". Hinter

---

[5] Falls Sie der Begriff *lebenslanges Lernen* eher an ein Strafmaß erinnert als an die Vorteile persönlicher Weiterentwicklung, können Sie auch einfach vom beständigen Lernen sprechen.

vielen Fehlern stecken wertvolle Einsichten in die Arbeitsumstände, Denkweisen oder Gefühle von Mitarbeitenden. Die Ergebnisse der Analyse sollten Sie dann konsequent auf die Zukunft beziehen: „Was können wir daraus lernen?" / „Wie können wir das nutzen, um besser zu werden?" / „Wie können wir dafür sorgen, dass das beim nächsten Mal glatt läuft?". – Diese Art des Fragens fördert das wertschätzende Interesse an der Perspektive der Mitarbeitenden und erhöht die Wahrscheinlichkeit, wertvolle Details und Lösungsansätze zu erfahren, an die man selbst oft nicht gedacht hat.

4 In der Startup-Szene gibt es die Tradition der ***Fuck-up-Nights***, in denen Gründer von ihren Misserfolgen erzählen. Nicht selten handelt es sich dabei um schwerwiegende Fehlentscheidungen, die mitunter sogar zum Ende des Unternehmens beigetragen haben. Diese Abende sind trotz oder gerade wegen ihres Themas und der großen Offenheit stets äußerst heiter. Ähnlich radikale, aber sehr effektive Praktiken gibt es auch innerhalb von Firmen. Beginnen Sie im eigenen Team z. B. damit, ein kleines Fuck-up-Meeting in einem möglichst informellen Rahmen zu veranstalten. Dabei können Sie folgende Fragen stellen:

- *Was war der schwerwiegendste Fehler, der euch je passiert ist?*
- *Was habt ihr daraus gelernt?*
- *Aus welchen Fehlern habt ihr am meisten gelernt?*
- *Wo hat sich ein Fehler als hilfreich herausgestellt?*
- *Kennt ihr jemanden, dem ein bedeutender Fehler unterlaufen ist, der euch auch hätte passieren können?*

Hierbei ist sehr hilfreich, wenn die Führungskraft mit „gutem" Beispiel vorangeht. Dies senkt in der Regel nicht nur die Hemmschwelle der anderen, sondern schafft auch Vertrauen. Die Praxis zeigt immer wieder: Wir werden lieber von Menschen geführt als von unfehlbaren Superwesen.

5 Arbeiten Sie daran, ein **Growth Mindset** zu entwickeln. Dies hilft Ihnen bei der konsequenten Ausrichtung aufs Lernen und reduziert Ängste vor Herausforderungen. (Hinweise dazu finden Sie ab Seite 33).

6 Formulieren Sie Veränderungswünsche **mit Blick in die Zukunft** und nicht mit Blick in die Vergangenheit. Die meisten von uns fühlen sich schlecht genug, wenn sie einen Fehler begangen haben. Oft brauchen wir niemanden, der uns extra darauf hinweist. Was uns voranbringt, sind Hilfe und Ermutigung, um es das nächste Mal besser zu machen. Anstelle von „Du hast deine Unterlagen vergessen", können Sie formulieren: „Bring beim nächsten Mal deine Unterlagen mit!". Und statt „Die Präsentation war voller Rechtschreibfehler" empfiehlt sich z. B.: „Überprüfe noch einmal deine Folien für die kommende Sitzung. Hier sind ein paar Tipps dazu: …". Dies legt unseren Fokus auf Handlungs- und Verbesserungsoptionen, statt auf eine unveränderliche Vergangenheit.

7 Und hier noch eine **Anekdote**, die zeigt, wie weit Fehlerfreundlichkeit in der Praxis gehen kann. Sie handelt von Thomas Watson, dem ersten Präsidenten von IBM. In einem äußerst schwierigen Geschäftsjahr lag dem Unternehmen ein millionenschweres Angebot vor. Für IBM hing sehr viel davon ab, den Zuschlag zu erhalten. Doch der Deal platzte. Noch am selben Tag kam der verantwortliche Mitarbeiter zu Watson ins Büro und überreichte ihm sein Rücktrittsgesuch. Watson fragte, was eigentlich geschehen sei. Der Mitarbeiter beschrieb Schritt für Schritt den Ablauf der Verhandlungen. Er erzählte, welche Fehler ihm unterlaufen waren und was er anders hätte tun können. Schließlich sagte er zu Watson: „Vielen Dank für die Gelegenheit, den Ablauf einmal darzustellen. Ich weiß, wir brauchten diesen Deal. Ich weiß, was das leider für uns bedeutet". Als er gehen wollte, stoppte ihn Watson und gab ihm sein Rücktrittsgesuch zurück. Er sagte: „Warum sollte ich das akzeptieren, wo ich gerade eine Million Dollar in Ihre Ausbildung investiert habe?".

Wussten Sie schon …

… dass Pixar, eines der erfolgreichsten Filmstudios der Welt, neuen Mitarbeiter*innen bei der Einstellung nicht nur von den eigenen Erfolgen, sondern auch von den eigenen Fehlschlägen erzählt? Damit stellen sie von Anfang an klar: Wir alle machen Fehler. Wenn dir einer unterläuft, lass uns offen und konstruktiv darüber reden, daraus lernen und dadurch besser werden. – Genau diese konsequente Fehlerfreundlichkeit hat maßgeblich dazu beigetragen, dass alle Pixar-Filme (darunter Findet Nemo und Toy Story) zu großen Erfolgen geworden sind: Die Firma hatte noch keinen einzigen Flop.

WENN SIE MEHR WISSEN MÖCHTEN

Coyle, Daniel: *The Culture Code. The Secrets of Highly Successful Groups*, New York 2018 | Coyle beschreibt in diesem sehr inspirierenden Buch anhand anschaulicher Beispiele, wie **Verletzlichkeit und Fehlerfreundlichkeit** zu besseren Leistungen führen.

Edmondson, Amy C.: „Strategies for Learing from Failure", in: *Harvard Business Review* April 2011 | Amy Edmondson ist eine der führenden Forscherinnen zur psychologischen Sicherheit. In diesem Artikel gibt sie viele **wertvolle Hinweise zum Umgang mit Fehlern in Unternehmen**.

Eurich, Tasha: *Insight. Why we are not as self-aware as we think, and seeing ourselves clearly helps us succeed at work and in life*, New York 2017 | In diesem Buch finden Sie alles, was Sie zur **Selbstüberschätzung im Unternehmenskontext** wissen müssen.

IBM Institute for Business Value: *The enterprise guide to closing the skills gap. Strategies for building and maintaining a skilled workforce*, Armond 2019 – im Netz auf: www.ibm.com/downloads/cas/EPYMNBJA | Hier bekommen Sie Auskunft über die **Kompetenzen der neuen Arbeitswelt**, basierend auf einer Umfrage unter 5800 Führungskräften weltweit.

Luzar, Katrin: „7 Tipps für eine gesunde Fehlerkultur im Unternehmen": www.humanresourcesmanager.de/news/7-tipps-fuer-eine-gesunde-fehlerkultur-im-unternehmen.html, 2019 | Ein praktischer Artikel mit **einer Reihe wertvoller Hinweise zum Thema**.

Ries, Eric: *Lean Startup. Schnell, risikolos und erfolgreich Unternehmen gründen*, München 2014 | Eine Einführung dazu, wie man **möglichst fehlerfreundlich ermittelt**, ob und wie ein Unternehmen erfolgreich werden kann.

Scott, Kim: *Radical Candor. Be a Kick-Ass Boss Without Losing Your Humanity*, New York 2017 | Scott beschreibt in diesem Buch, wie wir finden, einem der besten über Feedback, die recht radikale Praxis von Google, um Fehlerfreundlichkeit zu fördern. Sie heißt **Oops the Monkey** und ist eine Variante der Fuck-up-Nights für Teams.

VERTRAUEN

Warum Kontrolle gut, Vertrauen aber besser ist

Dass Vertrauen gut, Kontrolle aber besser sei, haben wir alle schon oft gehört. Das Sprichwort mag in vielen Situationen sehr wertvoll sein, auch in Bezug auf unser eigenes Verhalten. Jedoch in einer Hinsicht trifft es weniger zu: Um einander nachhaltig zu motivieren und wertzuschätzen, ist der Ausdruck von Vertrauen die weitaus bessere Option.

Ganz allgemein versteht man unter Vertrauen die Fähigkeit, sich gegenüber anderen angreifbar oder verletzlich zu zeigen. Wenn wir vertrauen, dann glauben wir, dass jemand zu unseren Gunsten handeln, bestimmte Leistungen zeigen oder unsere Erwartungen nicht enttäuschen wird. Vertrauen ist verwandt mit psychologischer Sicherheit (S. 39), die ein Klima bezeichnet, in dem wir angstfrei unsere Meinung äußern können. Beide Faktoren sind notwendig für eine starke Wertschätzungskultur.

Vertrauen ist die Bereitschaft, auf Kontrolle zu verzichten.

Eine vertrauensvolle Atmosphäre reduziert die Reibung bei Arbeitsabläufen, weil wir nicht jeden Schritt hinterfragen oder nachkontrollieren müssen. Mitarbeiter*innen fühlen sich nicht ständig beobachtet und arbeiten deshalb zeitsparender und produktiver. Im Gegenzug kann Vertrauen untergraben werden durch bestimmte Formen von Kontrolle[6], wie Mikromanagement, Bevormundung

---

[6] Natürlich ist nicht jede Form von Kontrolle vertrauensschädigend. Qualitätskontrollen, die schwer auszuschließende Fehler reduzieren sollen und mit Einverständnis der Beschäftigten durchgeführt werden, gehören z. B. nicht dazu.

oder durch das Vorenthalten von Informationen, Ressourcen oder Tätigkeitsbereichen. – Eine Vielzahl von Studien zeigt die positiven Aspekte von Vertrauen am Arbeitsplatz: Firmen, in denen ein vertrauensvoller Umgang herrscht, berichten im Vergleich zu Firmen mit geringem Vertrauen von 74 % weniger Stress, 106 % mehr Arbeitsenergie, 50 % höherer Produktivität, 13 % weniger Krankheitstagen, 76 % mehr Engagement, 29 % mehr Lebenszufriedenheit, 60 % mehr Freude an der Arbeit und 40 % weniger Fällen von Burnout.

Wie entsteht Vertrauen?

Vertrauen braucht Zeit, sich zu entwickeln. Wir bauen es durch viele kleine Erfahrungen auf. Dazu gehört auch, dass Vertrauen, das wir anderen erweisen, bei diesen ihrerseits Vertrauen erzeugt. Es ist ansteckend. Die Erfahrungen, die diesen Prozess begünstigen, stammen vor allem aus den folgenden drei Bereichen: (1) aus positiven Beziehungen im Team, (2) individueller Kompetenz sowie (3) der Beständigkeit im eigenen Handeln, vor allem in Form von Integrität. Der erste Bereich, der auch am stärksten verknüpft ist mit Wertschätzung, hat dabei den größten Einfluss auf die Bildung von Vertrauen. Hier ein paar Tipps dazu:

DAS KÖNNEN SIE TUN

1 Zum Aufbau von Vertrauen wie auch von psychologischer Sicherheit empfehlen sich **Team-Bonding-Events.** Sie fördern das Vertrauen von Mitarbeiter*innen untereinander und spielen beim Aufbau einer Wertschätzungskultur eine entscheidende Rolle. Solche Veranstaltungen sind besonders effektiv, wenn es dabei um das gemeinsame Überwinden von Hürden und kleineren Herausforderungen geht (Klettern, Wandern, Escape Rooms). Aber auch das Teilen von Alltäglichem, wie gemeinsames Essen oder Kochen sowie After-Work-Veranstaltungen, z. B. gemeinsam die Woche am Freitag ausklingen zu lassen, erhöhen das Vertrauen und das Wir-Gefühl im Team.

2 Fragen Sie Ihre Kolleg*innen, in welchen Bereichen sie sich mehr Verantwortung wünschen, wo sie sich gern stärker einbringen oder eigenständig Entscheidungen treffen würden. Neben dem offenen Ansprechen in Feedbackgesprächen lassen sich hierfür auch Tools wie etwa das **Empowerment Board** nutzen, mit dessen Hilfe Sie Delegationswünsche und -möglichkeiten anschaulich und interaktiv im Team erschließen können. Die Mitarbeitenden können vorschlagen, zu welchem Grad sie Aufgaben delegieren oder selbst übernehmen möchten:

	Entscheiden	Überzeugen	Befragen	Beschließen	Beraten	Informieren	Delegieren
Planung Team-Events	Hans						
Fortbildungen organisieren					Tom		Tina
Material beschaffen			Tina				
Meetings moderieren							
Dienstplan ändern		Pia					
Recruiting				Team			

*1 – Ich **entscheide**.*
*2 – Ich entscheide und versuche andere davon zu **überzeugen**.*
*3 – Ich **befrage** andere, bevor ich entscheide.*
*4 – Wir **beschließen** die Sache gemeinsam.*
*5 – Jemand anderes entscheidet, aber ich **berate** vorher.*
*6 – Jemand anderes entscheidet und **informiert** mich darüber.*
*7 – Ich **delegiere** die Entscheidung an jemand anderen.*

Anschließend können Sie gemeinsam diskutieren, wie sich bestimmte Aufgaben im Team fortan verteilen sollen. Das Empowerment-Board sorgt darüber hinaus für mehr Sichtbarkeit (S. 63) sowie für Klarheit über die Stärken und Wünsche der Mitarbeiter*innen.

3 Fragen Sie sich auch selbst, welche **Zugänge** Sie eröffnen, welche **Ressourcen** Sie zur Verfügung stellen oder welche **Verantwortung** sie abgeben könnten: Wie wäre es, wenn jemand anderes das nächste Meeting leitet? Wer könnte mitbestimmen, welches Feature als erstes entwickelt werden soll? Wer kennt sich mit dem Thema vielleicht besser aus als Sie und sollte daher die Entscheidung treffen?

4 **Erhöhen Sie die Transparenz im Team.** Studie um Studie belegt, dass sich Stress verringert und Vertrauen erhöht, wenn im Unternehmen Ungewissheiten beseitigt werden. Relevante Informationen sollten möglichst zeitnah kommuniziert werden, damit sie nicht der Flurfunk überholt und der Eindruck entsteht, außen vor gelassen zu werden. Die Mitarbeiter*innen sollten nicht das Gefühl bekommen, Informationen zufällig zu begegnen. Für Abhilfe kann hier die Einrichtung von Kommunikationskanälen sorgen, etwa in Form von Infoboards, oder die Schaffung einer eigenen Rolle für interne Kommunikation. Darüber hinausgehende Fragen, z. B. welche strategischen oder operativen Informationen tatsächlich für relevant gehalten werden und wer jeweils für das Teilen oder Einholen von Informationen verantwortlich ist, sollte man einmal gemeinsam in einer hierarchieübergreifenden Sitzung besprechen. Eine vorherige Umfrage kann hierfür die Grundlage bilden. Bereits die Einberufung einer solchen Besprechung bzw. die Durchführung einer Umfrage zeigt den Mitarbeitenden Wertschätzung und führt oft zu wertvollen Anregungen für die konkrete Umsetzung.

5 **Prozess-Transparenz**, d. h. die Offenlegung der Schritte, durch die man zu einer Entscheidung gelangt ist, hat oft größeren Einfluss auf die Vertrauensbildung als das Ergebnis selbst. Sie ist vor allem dann unerlässlich, wenn das Ergebnis von Nachteil für die Beschäftigten ist. Gehen Sie daher aktiv auf Ihre Mitarbeitenden zu und ermitteln Sie, ob es Entscheidungen, Regeln oder Prozesse gibt, die sie gern besser verstehen würden. Riskieren Sie dabei lieber Überkommunikation als Ungewissheit. Wenn Sie zum Beispiel eine Umfrage zur Verbesserung der Feedbackkultur durchführen, von der Sie die drei besten Vorschläge umsetzen, dann kann allein die Ungewissheit, warum nun gerade diese drei Vorschläge ausgewählt worden sind (und nicht z. B. der eigene), dem Klima mehr schaden als ihre Umsetzung tatsächlich bringt.

In Vorbereitung auf Feedbackgespräche können Sie z. B. folgende Fragen an sich selbst stellen:

- *Wie bin ich zu dieser Entscheidung gekommen?*
- *Warum habe ich dieses Ziel gesetzt?*
- *Was hindert mich / uns daran, dieses Ziel zu erreichen?*
- *Was können die Mitarbeitenden in der Zukunft erwarten?*
- *Wie kann ich meine Gründe dafür klarer darstellen?*

Während des Feedbackgesprächs können Sie folgende Fragen stellen:

- *Gibt es Ziele, Erwartungen oder Prozesse, über die du gern mehr Informationen hättest?*
- *Habe ich gut genug dargestellt, wie ich zu dieser Entscheidung gekommen bin / wie sie umgesetzt wird, oder würdest du das gern noch etwas besser verstehen?*[7]
- *Werden die Entscheidungen vom Management deiner Meinung nach hinreichend begründet?*
- *Hast du den Eindruck, bestimmte Informationen werden zurückgehalten oder überspielt? Wie könnten wir hier klarer sein?*

6 Aktivieren Sie vertrauensvoll die Meinungen Ihrer Kolleg*innen. Dies erreichen Sie, indem Sie Ihre **Ideen und Lösungen ausdrücklich als Vorschläge präsentieren**, die offen für Ergänzungen und Gegenargumente sind. Formulieren können Sie das z. B. so: „Ich denke, hier sollten wir etwas tun: … Ich sehe eine Reihe möglicher Herangehensweisen. Hier ist mein Vorschlag dazu. Ich freue mich auf eure Anmerkungen, Ergänzungen und Gegenvorschläge.“ Darüber hinaus helfen auch ganz einfache Fragen wie: „Was übersehe ich?“ oder „Wie würdet ihr das machen?“.

---

[7] Ein Hinweis hierzu: Vermeiden Sie Formulierungen wie „Ist noch etwas unklar?“ / „Was ist dir an … unklar?“. Dadurch erscheint fehlendes Verständnis eher als eine Schwäche statt als ein berechtigtes Bedürfnis aufseiten der Mitarbeitenden. Fragen Sie stattdessen: „Gibt es etwas, worauf wir noch genauer eingehen sollten?“ / „Welchen Punkt kann ich noch genauer erläutern?“.

7 Nehmen Sie sich die Zeit, **Ihren Mitarbeitenden mit voller, wohlwollender Aufmerksamkeit zuzuhören.** Seien Sie aktiv interessiert an ihren Bedürfnissen, Sorgen und Problemen und unterstützen Sie sie bei der Lösung von Konflikten. Integrieren Sie entsprechende Fragen in Feedbackgespräche und unterstreichen Sie Ihr Interesse dadurch, dass Sie diese Fragen nicht als nebenrangig, sondern als wesentlichen Teil Ihrer Führungsaufgabe betrachten. Mehr dazu erfahren Sie im Kapitel *Zuhören=Management*, S. 85.

8 **Das Aussprechen von Vertrauen** („Sie schaffen das." / „Ich traue Ihnen das zu.") erzeugt auf der Gegenseite nicht nur Vertrauen, sondern erhöht auch Mut und Leistungsbereitschaft. Um damit keinen Leistungsdruck oder Versagensangst zu provozieren, begründen Sie ihre Aussage beispielweise damit, dass der*die Mitarbeitende in der Vergangenheit schon ähnliche Situationen gut gemeistert hat. Verringern Sie diesen Stressfaktor weiter, indem Sie grundsätzlich eine fehlerfreundliche Unternehmenskultur fördern: Ermutigen Sie Ihre Mitarbeiter*innen, offen über Fehler zu sprechen und gehen Sie selbst mit gutem Beispiel voran (siehe S. 49 f.).

Wussten Sie schon ...

... dass folgende Begriffe, die mit Vertrauen zusammenhängen, oft miteinander verwechselt werden?

Ehrlichkeit = man spricht aus, was man denkt

Aufrichtigkeit = man spricht aus, was man nach gründlicher Prüfung der eigenen Gedanken und Motive denkt (weswegen eine ehrliche Person unaufrichtig sein kann)

Integrität = man handelt stets gemäß den eigenen Prinzipien (weswegen auch eine authentische Person nicht integer sein kann)

Authentizität = man handelt gemäß dem eigenen Wesen (weswegen auch eine unehrliche Person authentisch sein kann)

Hier noch ein Tipp: Verzichten Sie in Mitarbeitergesprächen auf die negativen Formen dieser Begriffe (unehrlich, unaufrichtig usw.) – dies löst in der Regel Abwehrreaktionen aus. Reservieren Sie die positiven Varianten (integer usw.) für öffentliche Würdigungen wie z. B. Festreden. – In allen anderen Kontexten ist es wertschätzender und motivierender, auf konkrete Handlungen Bezug zu nehmen (S. 147 ff.).

WENN SIE MEHR WISSEN MÖCHTEN

Brockner, Joel: „Why it is so hard to be fair“, in: *Harvard Business Review*, März 2006, im Netz: https://hbr.org/2006/03/why-its-so-hard-to-be-fair | Ein ausführlicher Artikel zur **Prozess-Fairness** und Transparenz.

Edmondson, Amy C.: „Psychological Safety, Trust, and Learning in Organizations. A Group-Level Lens“, in: Kramer, R. M.; Cook, K. S. (Hg.): *The Russell Sage Foundation series on trust. Trust and distrust in organizations. Dilemmas and approaches*, New York 2004, S. 239–272 | In diesem Artikel finden Sie einen schönen Vorschlag, wie man **zwischen psychologischer Sicherheit und Vertrauen unterscheiden** kann.

Folkman, Joseph; Zenger, Jack: „The 3 Elements of Trust“, in: *Harvard Business Review* Februar 2019, im Netz auf: https://hbr.org/2019/02/the-3-elements-of-trust | Der Artikel beschreibt drei Bedingungen von Vertrauen und unterstreicht die Bedeutung des **Aufbaus von positiven Beziehungen** im Team.

Tinypulse: „7 Vital Trends Disrupting Today's Workplace“ | Diese Umfrage unter mehr als 40.000 Mitarbeitern ergab, dass **Transparenz der wichtigste Faktor für die Zufriedenheit der Mitarbeitenden** ist. | im Netz: https://www.tinypulse.com/resources/employee-engagement-survey-2013)

Zak, Paul J.: „The Neuroscience of Trust“, in: *Harvard Business Review*, Januar / Februar 2017, im Netz: https://hbr.org/2017/01/the-neuroscience-of-trust | Hier finden Sie die genannten Zahlen zur **Produktivitätssteigerung durch Vertrauen** sowie weitere Belege über den Zusammenhang von Vertrauen und Wertschätzung.

Eine alternative Version des Empowerment Boards in Form eines Kartenspiels namens *Delegation Poker* finden Sie hier: www.management30.com/practice/delegation-poker/

SICHTBARKEIT

Was macht eigentlich Paul aus dem 2. Stock?

Kommen Ihnen folgende Sätze bekannt vor? „Ach, schon wieder die aus der Abteilung X! Bei denen muss es echt drunter und drüber gehen.“ / „Die da oben glauben auch, wir haben sonst nichts zu tun!“ / „Wer ist denn der kleine Blonde mit der Brille? Arbeitet der jetzt auch hier?“ – Obwohl wir regelmäßigen Kontakt mit Abteilung X haben, ist oft unklar, welche Menschen sich hinter den Namen verbergen. In Bezug auf „die da oben“ wird häufig sogar bezweifelt, dass es sich überhaupt um Menschen handelt. Der kleine Blonde ist zwar ziemlich sicher ein Mensch, aber alles andere über ihn ist unbekannt. Ob es sich nun um Teams, Vorgesetzte oder Kolleg*innen handelt – mangelnde Kenntnis von dem, wer die anderen sind und was sie tun, verhindert echte Wertschätzung:

> Was man nicht kennt, das kann man nicht wertschätzen.

In unseren Workshops sehen wir immer wieder, wie wenig auch in kleinen Firmen die Mitarbeitenden über einander wissen. Verstärkt durch die Zuordnungen zu Teams oder unterschiedlichen Standorten haben sich oft kleinere Gruppen gebildet, die sich vor allem auf sich selbst konzentrieren. Das Phänomen wird auch als *Silobildung* bzw. *Silodenken* bezeichnet. – Aber was genau macht eigentlich Paul aus dem zweiten Stock? Was sind seine Stärken, woran hat er Spaß? Wie findet er das Essen in der Kantine? Welche Erfolge und Schwierigkeiten hat er? Und wie schaut es tatsächlich in seiner Abteilung aus? – Oft genug schieben wir solche Fragen einfach beiseite, sei es aus Zeitgründen, Bequemlichkeit, Desinteresse oder mangelndem Mut, jemanden einfach mal anzusprechen.

Dabei wird die Zeit, die wir ins Sichtbarmachen der anderen investieren, mehr als ausgeglichen durch Netzwerkbildung, Kompetenzaustausch und vor allem durch mehr Verständnis und Wertschätzung. Davon profitiert Abteilung X, weil sie nicht mehr als reine Chaosabteilung vorverurteilt, sondern z. B. als eine wahrgenommen wird, in der sehr viele Aufgaben parallel zu bearbeiten sind. Wird die Chefetage nicht nur „von unten" gesehen, kann ein viel offenerer, produktiver Austausch entstehen. Der Neue fühlt sich willkommener, wenn man nicht nur schweigend an ihm vorbeiläuft. Und wenn Mitarbeitende miteinander über Silogrenzen hinweg vertraut sind, dann können abteilungsübergreifende Probleme schneller erkannt und zudem oft innovativer gelöst werden. Sichtbarkeit hat also auch über Wertschätzung hinaus einen hohen Wert für die Leistungsfähigkeit von Unternehmen. Unter den richtigen Bedingungen braucht es für ein Kennenlernen nicht einmal besonderen Mut. Hier ein paar Tipps dazu:

DAS KÖNNEN SIE TUN

1 Das **Kaffee-Roulette** (auch bekannt als *Lunch Roulette* oder *Lunch Date*) ist eines der beliebtesten Werkzeuge zur Verbesserung von Sichtbarkeit und zum Aufbrechen von Silos. Einmal pro Woche werden firmenweit und hierarchieübergreifend Paare ausgelost, die gemeinsam die Kaffeepause verbringen. In den dadurch ermöglichten informellen Gesprächen erfährt man Neues über andere Teams, durchbricht Abteilungsgrenzen und Hierarchieebenen und erschließt Möglichkeiten, einander wertzuschätzen: „Jetzt verstehe ich besser, warum bei denen im Sales immer so lange das Licht brennt." Die Teilnahme am Kaffee-Roulette ist in der Regel freiwillig. Sie nimmt mit der Zeit meist zu, insbesondere wenn positiver Flurfunk entsteht und die Neugier anregt. Falls es sich um introvertiertere Mitarbeiter*innen handelt, können Sie dem Treffen eine oder mehrere Fragen mitgeben, damit man leichter ins Gespräch kommt (z. B. „Woran hast du vor dieser Kaffeepause gearbeitet?" / „Welche kleine Technologie begeistert dich immer wieder aufs Neue?" / „Was würdest du gern allen Mitarbeiter*innen in der Firma mitgeben?").

2 **Pulse Surveys** (=Impulsumfragen) sind ebenso einfach wie multifunktional. Sie helfen Ihnen, Stimmungsbilder einzuholen, auf Probleme und Erfolge aufmerksam zu machen und den Mitarbeiter*innen das Gefühl zu geben, gehört zu werden. Vor allem können Sie mit Pulse Surveys einen entscheidenden Beitrag dazu leisten, Aspekte der täglichen Arbeit sichtbar zu machen. Stellen Sie dazu Ihrem Team am Ende der Woche eine einzige möglichst einfache Frage, z. B.: „Was hat dich in dieser Woche unnötig Zeit gekostet?" / „Was hat dich in den letzten Tagen positiv überrascht?" / „Was war deine wichtigste Einsicht in dieser Woche?" oder „Wie fühlt ihr euch auf der Arbeit gerade auf einer Skala von 1 bis 10?". Umsetzen können Sie die Pulse Surveys mit einem Whiteboard am Ausgang plus einer Box für die Antworten oder, falls Sie digitale Tools bevorzugen, mithilfe von Apps wie teambay.com, honestly.de, peakon.de oder companymood.de. Ob Sie die Umfrage anonym oder öffentlich durchführen, können Sie dabei selbst entscheiden.

3 Durch **Friday Wins** (= kleine Wochenerfolge) ermöglichen Sie Ihren Mitarbeiter*innen, in ungezwungener Atmosphäre über Erfolge und positive Erlebnisse der zurückliegenden Woche zu sprechen. Setzen Sie dazu ein informelles Miteinander am Freitag kurz vor dem Feierabend an. Alle, die das möchten, erzählen dann in einer Minipräsentation von den kleinen Erfolgen, Gelerntem oder angenehmen Arbeitserfahrungen der vergangenen Tage. Dabei geht es nicht um Rechtfertigung oder um Selbstdarstellung, sondern um eine gute Stimmung und das Teilen von positiven Dingen. So stellen Sie nicht nur Sichtbarkeit her, sondern schaffen auch die Gelegenheit, Erfolge zu feiern. Sie fördern so zwei der größten Motivatoren mit nur einem Event. – Übrigens: Sie können den Schwung der Veranstaltung erhöhen und zugleich die Versuchung zu langen Vorträgen verringern, indem das Team dabei nicht am Tisch sitzt, sondern in lockerer Runde zusammensteht.

4 Auf der **Wand des Wissens** kann jeder, der etwas Interessantes gelernt hat, dies anderen zugänglich machen. Dabei kann es sich um kleine Tipps zu besserer Arbeit, interessante Links oder Lese-Empfehlungen, Erfahrungen mit Tools oder um Veranstaltungshinweise handeln. Dadurch schafft man die Möglichkeit zum Aus-

tausch und zum besseren Kennenlernen. Die Wand des Wissens sollte man an einem gut besuchten Ort aufhängen. Man kann sie verbinden mit einem Schwarzen Brett, für Fragen wie: „Kennt jemand ein gutes Yogastudio in Schwabing?“ / „Wer wäre auch an einer Excel-Schulung für Anfänger*innen oder Fortgeschrittene interessiert?“

5 Die erfolgreiche Eingliederung neuer Mitarbeiter*innen können Sie durch ein **Stempelsystem** unterstützen: Die Neuen müssen in den ersten Arbeitswochen von allen Abteilungen einen Stempel abholen. (Oder sie *dürfen* es und werden dafür belohnt.) Den Stempel erhalten sie erst, wenn sie etwas Besonderes über die Teams erfahren haben. Sie können hier mit drei Leitfragen arbeiten, die ein bisschen ins Plaudern kommen lassen: „Was macht euch am meisten Spaß?“ / „Was war euer größter Erfolg zuletzt?“ / „Was ist eure Geheimwaffe für gute Zusammenarbeit?“. Die Herausforderung dieser Maßnahme besteht darin, den Besuch neuer Mitarbeiter*innen nicht als Störung, sondern als Möglichkeit zu betrachten, einander besser kennenzulernen und den Zugang zu den Abteilungen zu erleichtern.

6 Eine Veranstaltungsform, die firmenweit Sichtbarkeit erhöht und zugleich den Wissensaustausch fördert, sind **Open-Space-Events**. Diese können während der Arbeitszeit stattfinden, vorzugsweise an einem Freitag, wenn die Leistungsfähigkeit nicht mehr sehr hoch ist. Auf diesen sogenannten *Unkonferenzen* bieten Mitarbeitende Themen an, die sie mit Kolleg*innen offen diskutieren wollen. Wie dies genau funktioniert, erfahren Sie ausführlich im Kapitel *Probieren Sie mal das!* (S. 165).

7 **Retreats** sind kleine Ausflüge von ein paar Tagen bis hin zu Wochen, bei denen ein Team an einem anderen Ort arbeitet. Ergänzt wird die Arbeit häufig durch gemeinsame Freizeitaktivitäten am Abend. Insbesondere für Mitarbeiter*innen, die hauptsächlich ohne festen Arbeitsplatz, z. B. im Homeoffice arbeiten, sind solche Events sehr hilfreich, um sich auszutauschen. Es gibt einige Firmen, die erfolgreich alle zwei bis vier Monate ein Retreat veranstalten, um Teams und vor allem Mitarbeitende zusammenzubringen, die sonst nicht in einem Raum sitzen.

8 **Regelmäßige Standups** (= kurze Treffen im Stehen) sind eine Praxis aus der agilen Softwareentwicklung, die sich leicht auf andere Abteilungen und Teams übertragen lässt. Morgens treffen sich alle Teammitglieder für fünf bis zehn Minuten und erzählen kurz und knapp, woran sie arbeiten, ob es Probleme oder Unterstützungsmöglichkeiten gibt, und geben den aktuellen Arbeitsstand an, damit deutlich wird, was gegebenenfalls von anderen fortgeführt werden kann. Das funktioniert auch gut auf einer Managementebene, um bei Bedarf eine teamübergreifende Kommunikation zu koordinieren. – Sollten die Teammitglieder zu sehr unterschiedlichen Zeiten im Büro erscheinen oder nicht immer anwesend sein, besteht auch die Möglichkeit zu einem digitalen Standup. Bei diesem pflegen die Mitarbeitenden ihre morgendlichen Updates in ein geteiltes virtuelles Board ein.

9 In vielen Organisationen gibt es einen Tag der offenen Tür oder andere Gelegenheiten, bei denen man seine Partner*in, Kinder, die Familie oder Freunde mit zur Arbeit bringt. Wie wäre es, wenn wir auch einmal unsere *Kolleg*innen* mit zur Arbeit nehmen? Beim **Job Shadowing** besuchen sich Mitarbeitende gegenseitig, um einen Tag lang zu lernen, was die anderen jeweils tun. Dafür schreiben alle, die an diesem Programm teilnehmen wollen, ihre Besuchswünsche auf, idealerweise gleich mehrere, und werden zu passenden Paaren zusammengestellt. Diese können dann miteinander einen Termin ausmachen. Job Shadowing ist eine besonders effiziente Technik, um Vorurteile abzubauen, Sichtbarkeit zu erhöhen und Netzwerke herzustellen.

10 Eine sehr einfache Praxis, für mehr Sichtbarkeit zu sorgen, besteht darin, **Abwesenheitsnotizen mit dem Grund der Abwesenheit zu versehen**. So könnten Sie der automatischen Nachricht „Ich bin vom … bis … nicht im Büro" z. B. noch den Hinweis beifügen, dass Sie gerade auf einer Tagung, bei einer Weiterbildung, auf Montage oder im Urlaub sind. Die Pflege dieser individuellen Notizen ist zwar etwas aufwändiger, aber auf diesem Weg bekommen Ihre Kolleg*innen (oder Ihre Kund*innen) ein klareres Bild von dem, was Sie tun, statt vor einer ungewissen, unpersönlichen Abwesenheitsmeldung zu sitzen.

Wussten Sie schon ...

Je weiter unsere Arbeitsplätze räumlich voneinander entfernt sind, desto weniger kommunizieren wir in der Regel miteinander. Dieses Phänomen, bekannt als Allen-Kurve, wurde ursprünglich in den 70er Jahren von Thomas J. Allen untersucht. Verblüffend ist: Sie gilt nicht nur für Kommunikation innerhalb von Büros, sondern auch für E-Mails und andere Telekommunikationsformen. Das heißt, die digitale Vernetzung hat an unserer Tendenz, mit räumlich entfernten Personen weniger zu kommunizieren als mit näheren, nichts geändert. Für die Praxis bedeutet das: Wenn Sie Menschen wirklich zusammenbringen wollen, dann bringen Sie sie am besten auch räumlich zusammen. – Und was glauben Sie, ist statistisch gesehen die beste Entfernung für einen intensiven Austausch am Arbeitsplatz? Es sind maximal acht Meter.

WENN SIE MEHR WISSEN MÖCHTEN

Allen, Thomas J.: *Managing the flow of technology: technology transfer and the dissemination of technological information within the R & D organization*, Cambridge (Mass.); London 1984

Baldauf, Corinna; Mois, Tim: *24 Work Hacks, auf die wir gerne früher gekommen wären*, Düsseldorf 2016 | Hier finden Sie im Kapitel „Open Fridays“ ein wunderbares Beispiel für die Praxis und die Vorteile eines **Open-Space-Events**.

Coyle, Daniel: *The Culture Code. The Secret of Highly Successful Groups*, New York 2018 | Im 5. Kapitel dieses außerordentlich inspirierenden Buchs über Arbeitskultur finden Sie ausführlichere Informationen zur **Allen-Kurve**.

Dark Horse Innovation: *New Workspace Playbook: Das unverzichtbare Praxisbuch für neues Arbeiten in neuen Räumen*, Hamburg 2018 | Hier finden Sie viele wertvolle Hinweise über die **Gestaltung von Räumlichkeiten**, um mehr Begegnungen im Unternehmen zu ermöglichen.

ERFOLGSFAKTOR GEFÜHL

Wie uns Positivität besser arbeiten lässt

Negative Gefühle haben bei uns Menschen Heimvorteil. Dies zeigt sich bereits an der Art, wie wir reden: Nur zwei der sieben Basisemotionen und nur sechs der 24 häufigsten Gefühlswörter sind positiv. Dieses Ungleichgewicht hängt mit unserer Stammesgeschichte zusammen. Früher war es vorteilhafter, sich vor allem auf Gefahren für unser Leben zu konzentrieren: Fressfeinde, Dürren, Verletzungen. Froh und heiter zu sein, spielte da nur eine untergeordnete Rolle. – In der modernen Arbeitswelt hat sich das ins Gegenteil verkehrt: Für den Erfolg sind heutzutage vor allem positive Gefühle maßgeblich. So arbeiten positive Menschen im Schnitt erheblich besser als negativ eingestellte, vor allem in Kontexten, die Kooperation, Kreativität und den Umgang mit Komplexität erfordern.

Warum es so schwer ist, positiv zu sein

Negative Gefühle haben die Funktion, uns auf Gefahren auszurichten: auf den Tiger vor uns im Gebüsch, auf den versiegenden Fluss, auf die Schmerzen im Arm, auf unseren niedrigen Status in der Gruppe. Furcht, Angst und Wut fokussieren unser Denken, damit wir bestehende Bedrohungen für unser Leben nicht aus den Augen verlieren. Daher nehmen wir negative Eindrücke auch schneller auf und merken sie uns besser als positive: Im Mittelalter bestand die kuriose Praxis, Zeugen zu ohrfeigen, damit diese sich besser an die Verträge erinnern konnten, die mündlich geschlossen wurden. Zudem verdrängen unangenehme Ereignisse angenehme leichter als anders herum, negative Stimmungen übertragen sich schneller in einer Gruppe als positive und wir reden viel häufiger und länger über negative Dinge. Und schließlich: Gefühle wie Traurigkeit,

Sorgen und Resignation führen oft dazu, dass wir uns zurückziehen. Diese Vereinzelung wiederum erschwert eine gemeinsame, konstruktive Lösung von Problemen.

Und dabei handelt es sich nur um die angeborenen Ursachen für unsere Schwierigkeit, positiv zu denken. Sie hat auch gesellschaftliche Gründe: Von klein auf wurden die meisten von uns dazu erzogen, sich möglichst kritisch zu verhalten und sich auf Gefahren, Mängel, Fehler und Schwächen zu konzentrieren. Hinter einer solchen Pädagogik steht zwar die gute Absicht, nicht leichtfertig, sondern realistisch zu sein; im Beruf erzeugt sie allerdings Verhaltensweisen, die in vielen Kontexten kontraproduktiv sind: Misstrauen und Mikromanagement, Selbstverstärkung von Angst durch die Konzentration auf Angstquellen, zu starre Befolgung von vertrauten, aber veralteten Routinen, geringe Offenheit für bessere Optionen durch einen Fokus auf Fehler und viele mehr.

> Die Herausforderung besteht darin, Probleme zu erkennen und anzupacken, ohne sich von ihnen den Mut rauben oder den Blick verengen zu lassen.

Warum es so wichtig ist, positiv zu sein

Aber auch positive Gefühle haben eine evolutionäre Bedeutung. Sie dienen u.a. dazu, unser Denken zu erweitern und besser zu kooperieren. Mit ihrer Hilfe werden wir aufgeschlossener für den Umgang mit anderen und deren Ideen. Sie motivieren uns, proaktiv zu sein, neue Dinge auszuprobieren und gelungene weiter zu führen. Mit den Denk- und Handlungsmöglichkeiten, die wir auf diesem Weg gewinnen, fördern wir unser persönliches Wachstum und bauen unsere sozialen Ressourcen aus. Dass alle höher entwickelten Tiere spielen und dass Spielen Spaß macht, hängt auch damit zusammen.

Außerdem haben positive Gefühle Nebenfolgen, die alles andere als nebensächlich sind. Sie begünstigen in einem erstaunlichen Ausmaß ein längeres Leben. Sie fördern Stressresilienz, Kreativität, die Fähigkeit zur Perspektivübernahme und stärken unser Immunsystem. Und schließlich verbessern sie unsere und die Leistungsfähigkeit der Menschen, mit denen wir zusammenarbeiten: Projekte von optimistischen, positiv eingestellten Manager*innen sind im Schnitt erheblich erfolgreicher – einer Studie zufolge steigt die Produktivität im Schnitt sogar um über 30 Prozent.

Vor diesem Hintergrund tun Unternehmen gut daran, das Wohlbefinden und das positive Mindset Ihrer Mitarbeitenden aktiv zu fördern: Die Vorteile allein für die Produktivität sind einfach zu groß. Und sie sind umso größer, als am Arbeitsplatz von morgen verstärkt Kreativität, Teamwork und ein offener Umgang mit anderen Perspektiven zählen. Ohne ein Arbeitsklima, das getragen wird von Mitarbeiter*innen, die positiv denken, sind die Leistungen, auf die es heute ankommt, einfach nicht zu erzielen.

DAS KÖNNEN SIE TUN

1 Der erste Schritt besteht in der Einsicht, dass die aktive Förderung unserer positiven Gefühle **keinen Luxus, sondern eine Notwendigkeit** darstellt, um in unserer komplexen, ungewissen und stark auf Kooperation angewiesenen Arbeitswelt erfolgreich zu sein. Ein Fokus auf Negatives dagegen behindert eine offene, kreative und wertschätzende Zusammenarbeit.

2 Nehmen Sie sich **mehr Zeit für die Verarbeitung Ihrer positiven Erlebnisse**. Andernfalls werden diese leicht von negativen verdrängt und Sie erhalten ein eingeschränktes Bild der Wirklichkeit und Ihrer Handlungsmöglichkeiten. Um ein Zitat von Wilhelm Busch zu variieren: „Bange ist man von allein, Freude will erlernet sein." Denken Sie am Ende Ihres Arbeitstages daher aktiv an erfreuliche Dinge, die Ihnen begegnet sind. Erleben Sie diese noch einmal bewusst nach, wenn möglich, in schriftlicher Form. Und

wenn es sich dabei um das Verhalten Ihrer Kolleg*innen handelt, kommt dies nicht nur Ihnen, sondern auch Ihrem Team zugute.

3 Der Rahmen, in den man einen Sachverhalt stellt, kann beeinflussen, wie wir ihn wahrnehmen. Durch **positives Framing** (=Rahmung) können Sie so die konstruktiven und motivierenden Aspekte von Anweisungen, Beschreibungen oder von Feedback hervorheben. Dies erreichen Sie zum Beispiel, indem Sie statt in die Vergangenheit stärker in die Zukunft schauen, etwa indem Sie anstelle von „Du hast das nicht richtig erledigt“ formulieren: „Das kannst du folgendermaßen besser machen.“ / „Achte das nächste Mal darauf, dass …!“ Oder indem Sie bei einem Text, den Sie korrigieren, nicht nur die Fehler anstreichen, sondern auch das, was Ihnen gefallen hat. Oder indem Sie nach einem eher unerfreulich verlaufenen Gespräch zunächst alles Positive daran notieren: zum Beispiel die guten Eigenschaften der Person, das, was Sie gelernt haben, oder worauf Sie sich trotz allem einigen konnten. Oder indem Sie statt von „Fehlern“ eher von „Verbesserungsmöglichkeiten“, „Hindernissen“, „Verzögerungen“ oder „Stolperstellen“ sprechen.[8] Dabei handelt es sich nicht um ein Schönreden oder mangelnde Ehrlichkeit: Der Gegenstand bleibt sachlich unberührt vom Framing und kann direkt angesprochen werden. Was sich ändert, ist, wie konstruktiv wir damit umgehen.

4 Betonen Sie **so oft wie möglich Erfolge** – sowohl diejenigen einzelner Kolleg*innen als auch die des gesamten Teams. Die Identifikation und die öffentliche Bekanntgabe auch kleiner Erfolge wird in Ihrem Team das Gefühl verstärken, Fortschritte zu machen, sowie Zuversicht und das Wir-Gefühl steigern. Das können Sie schriftlich per Mail tun, mündlich in der Morgenrunde oder durch kleine Rituale und Events. Durch dieses Vorgehen steigern Sie die Leistungen und das Wohlbefinden Ihres Teams erheblich mehr, als wenn Sie eher fehlerorientiert kommunizieren.

---

[8] Übrigens funktioniert Framing auch gut, um mit der Aufregung vor Vorträgen besser umzugehen. Betrachten Sie dazu Ihre Aufregung weniger als ein Gestresstsein, von dem Sie z. B. durch langsames Atmen herunterkommen müssen, sondern mehr als positive Aufgeregtheit („Wow, wie aufregend!“). So erhöhen Sie nachweislich die Wahrscheinlichkeit, während der Präsentation entspannter zu sein.

5 Heben Sie **so viele positive Dinge wie möglich** hervor und Negatives nur so viel wie nötig. Dies ist insbesondere in Feedback-Gesprächen eine gute Regel und führt nachweislich zu besseren Leistungen. In diesem Zusammenhang wird oft das sogenannte *Losada-Verhältnis* angeführt. Es besagt, dass Kommunikation dann nachhaltig motiviert, wenn positives Feedback mindestens in einem Verhältnis von drei zu eins gegenüber negativem steht. Obwohl die Losada-Zahl wissenschaftlich umstritten ist, bildet sie eine gute Orientierung für die Gewichtung von Kritik: Bestärken Sie mehr, was jemand richtig macht, und weisen Sie nur auf die Kritikpunkte hin, die absolut notwendig sind. Am leichtesten erreichen Sie eine motivierende Gewichtung, wenn Sie sich sensibilisieren für all die vielen kleinen Dinge, die Ihre Kolleg*innen bereits leisten. Auch hierbei unterstützt Sie das Wertschätzungslogbuch. Aber Vorsicht: Vermeiden Sie unbedingt Sandwich-Kritik (S. 150).

6 Schaffen Sie eine **fehlerfreundliche Kultur** (S. 47), damit Dinge, die schiefgehen, stets auch als Möglichkeit gesehen werden, dazuzulernen und sich zu verbessern. Dadurch wird eine der Hauptquellen von Negativität verwandelt in eine Quelle der Motivation. Ohne Fehlerfreundlichkeit erhöht sich die Gefahr, dass Fehler verschwiegen, ignoriert oder sogar vertuscht werden, statt aus ihnen zu lernen.

7 **Eröffnen Sie Meetings mit positiven, wertschätzenden Nachrichten**. Dies kann vonseiten der Führungskraft oder in einer offenen Runde geschehen. Folgende Fragen sind dafür hilfreich: „Was hat zuletzt gut geklappt?“ / „Worüber habt ihr euch besonders gefreut?“ / „Wem möchtet ihr einfach mal kurz danken?“ / „Was hat euch positiv überrascht?“ – Machen Sie es zur Regel, größere Meetings so zu beginnen, und verstärken Sie diese Praxis, indem Sie ihr einen prägnanten Namen geben (z. B. *Die gute Minute*).

8 Lassen Sie Kolleg*innen, die neu in Ihrem Unternehmen sind, aktiv über ihre individuellen Stärken und Fähigkeiten nachdenken. Die Forschung hat gezeigt, dass Mitarbeiter*innen, die man kurz nach der Einstellung eine Stunde lang über **ihre persönlichen Stärken** bzw. über ihr *Best Self* schreiben lässt, noch Monate

danach motivierter und produktiver arbeiten. Diese 60 Minuten sind also überaus gut investiert. – Eine Vorlage für eine solche Selbstreflexion finden Sie unter 🌐 berlin-alley.com/praxisbuch-wertschaetzung.

9 Nutzen Sie bei der Besprechung von Projekten eine **Learning-Matrix** (siehe Abbildung). Sie erlaubt einerseits, Kritikpunkte anzusprechen („Das machen wir das nächste Mal anders."), nimmt andererseits aber auch konsequent die Zukunft in den Blick und aktiviert die Ideen und positive Energien der Teilnehmenden.

10 Schaffen Sie sich Freiheitsspielräume im Umgang mit Ihren (negativen) Gefühlen. Verwenden Sie dazu sogenannte innere **Türstopper**. Sie verhindern, dass Ihre innere Tür zuschlägt und Sie sich und anderen durch emotionale Reaktionen wertvolle Gesprächsoptionen versperren. Diese in der Praxis überaus hilfreiche Methode funktioniert so: Wenn Sie merken, dass Sie emotional stark auf eine Situation reagieren (z. B. mit Ärger, Frust oder zu schneller Bewertung), dann gehen Sie in folgenden drei Schritten vor:

Erstens: Halten Sie kurz inne.
Zweitens: Atmen Sie ein und aus und entspannen sich dabei.
Drittens: Fragen Sie sich: „Was fühle ich gerade?"

Bereits das bloße Benennen von Gefühlen führt nachweislich dazu, unsere Reaktion auf sie zu verringern und Abstand von ihnen zu gewinnen. Die Tür für ein erfolgreiches Gespräch bleibt damit offen. Den letzten Schritt können Sie übrigens noch verstärken, indem Sie sich fragen, wo genau im Körper Sie gerade etwas empfinden oder welche Stärke Sie diesem Gefühl auf einer Skala von eins bis zehn geben würden. Darüber hinaus erhöhen Sie die Effektivität von Türstoppern, indem Sie in schriftlicher Form über Ihre Gefühle nachdenken, z. B. durch das Führen eines Tagebuchs,[9] oder indem Sie Ihre Willenskraft sowie Ihre Achtsamkeit trainieren, etwa durch Open-Awareness-Meditation.

11 Falls Sie im Feedbackgespräch bei Ihrem Gegenüber negative Gefühle bemerken, **sprechen Sie diese Gefühle wertungsfrei an**. Im Gegensatz zu einer noch immer weit verbreiteten Auffassung ist es nicht unprofessionell, am Arbeitsplatz Emotionen zu thematisieren. Im Gegenteil. Diese Thematisierung ist wertschätzend, da sie die andere Person ernst nimmt und zugunsten ihrer langfristigen Interessen etwas anspricht, was in der Situation kurzfristig vielleicht unbequem ist: Unterdrücken wir unsere Gefühle, dann wird oft ein sogenannter *ironischer Prozess* in Gang gesetzt, d. h. entgegen unserer Absicht verstärken sich die unterdrückten Emotionen sogar langfristig. Um dies zu vermeiden, schildern Sie Ihrem Gegenüber einfach das, was Sie wahrnehmen, und fragen interessiert und wohlwollend nach: „Ich habe den Eindruck, dass du frustriert bist über den Ablauf dieses Projekts. Stimmt das? Möchtest oder kannst du

[9] Hierzu ein Hinweis: Über die eigenen Gefühle nachzudenken, kann mitunter zu unfruchtbaren Grübeleien führen. Um dieses Verhalten zu reduzieren, ist es hilfreich, sich nicht zu fragen: „*Warum* fühle ich das?". Dies begünstigt oft Rechtfertigungen oder Selbstbezichtigungen. Bleiben Sie stattdessen auf der Beschreibungsebene. Eine gute Leitfrage lautet schlicht: „*Was* fühle ich?"

mir das genauer schildern?“ / „Du schaust nicht glücklich aus mit diesem Vorschlag. Was denkst du darüber?“ (Weiteres zum Umgang mit Gefühlen erfahren Sie ab S. 151.)

12 Eine der Grundregeln im Umgang mit Emotionen lautet: **Wirkung und Absicht sind zweierlei**. Allzu oft führen wir das (schlechte) Gefühl, das jemand in uns hervorruft, unmittelbar auf eine entsprechend (schlechte) Absicht zurück. Dabei beruhen unsere Gefühle stets auch auf unseren eigenen, oft unbewussten Interpretationen, die wiederum häufig auf Ängste zurückgehen. Um hier für mehr Klarheit zu sorgen und einen wertschätzenden Dialog zu ermöglichen, ist oft eine gründliche Reflexion auf vergangene Gespräche notwendig. Dabei empfiehlt es sich, zwischen drei Ebenen zu unterscheiden: der Sachebene („Worum ging es eigentlich?“), der Gefühlsebene („Was habe ich / was hat mein Gegenüber empfunden?“) und der Identitätsebene („Warum war das wichtig für mich / mein Gegenüber?“).

Wussten Sie schon ...

Die wohl berühmteste Langzeitstudie zur positiven Psychologie wurde mit 678 Nonnen durchgeführt. Ab den 1930er Jahren untersuchte man ihre Tagebücher daraufhin, wie oft in ihnen positive Gefühle ausgedrückt werden. Wie sich 60 Jahre später zeigte, hatten Nonnen mit einer positiven Lebenseinstellung erheblich gesünder gelebt, waren weitgehend von Demenz verschont geblieben und im Schnitt zehn Jahre älter geworden als ihre eher negativ eingestellten Schwestern.

WENN SIE MEHR WISSEN MÖCHTEN

Achor, Shawn: *The Happiness Advantage. The Seven Principles of Positive Psychology That Fuel Success and Performance at Work*, New York 2010 | Ein wunderbares Buch für einen leichten Einstieg in die **Anwendung positiver Psychologie am Arbeitsplatz.**

Amabile, Teresa M.; Kramer, Steven J.: *The Progress Principle. Using Small Wins to Ignite Joy, Engagement, and Creativity at Work*, New York 2011 | Ein Buch mit vielen praktischen Tipps zur Förderung einer besseren Unternehmenskultur durch die **Hervorhebung von (kleinen) Erfolgen**.

Baumeister, Roy F. u. a.: „Bad is Stronger than Good“, in: *Review of General Psychology* 5 (2001), S. 323–370 | Hier wird ausführlich belegt, dass wir negative Ereignisse und Gefühle **stärker wahrnehmen, gewichten und uns besser merken** als positive.

Cameron, Kim: *Practicing Positive Leadership. Tools and Techniques that Create Extraordinary Results*, Oakland 2013 | Ein lesenswertes Buch mit vielen praktischen Hinweisen zu **positiver Psychologie am Arbeitsplatz.**

Fredrickson, Barbara: *Die Macht der guten Gefühle*, Frankfurt am Main 2011 | Dies ist eins der **Standardwerke zur Wirkung positiver Gefühle**.

Greenberg, Margaret H.; Arakawa, Dana: „Optimistic managers and their influence on productivity and employee engagement in a technology organization“, in: *Scholarly Commons*, Pennsylvania 2006 | Diese Studie zeigt, dass Projekte mit **optimistischen Managern um 31 % erfolgreicher** sind.

Heen, Sheila; Stone, Douglas: *Thanks for the Feedback. The Science and Art of Receiving Feedback Well*, London 2014 | Falls Sie mehr über die Trennung von **Identität, Gefühlen und Sachebene** in Gesprächen lernen möchten.

Sartre, Jean-Paul: *Skizze einer Theorie der Emotionen*, in: Ders.: *Gesammelte Werke. Philosophische Schriften I.* Band 1. Reinbek bei Hamburg 1994, S. 255–321 | Falls Sie einmal einen (ebenso radikalen wie schönen) philosophischen Text über unsere **Freiheiten gegenüber Gefühlen** lesen möchten.

STRESS UND WERTSCHÄTZUNG

Wussten Sie, dass fehlende Anerkennung eine der größten Stressquellen ist?

Stress lässt sich am Arbeitsplatz nur selten ganz vermeiden. Das muss nicht unbedingt von Nachteil sein. Ein moderates Maß davon kann uns genau die Spannung geben, die wir mitunter brauchen, um unsere besten Leistungen abzurufen. Klar ist allerdings auch: Stress sollte nicht beherrschend werden. Doch leider zeigt die Forschung, dass die Wirklichkeit ganz anders aussieht.

Die Zahl der diagnostizierten psychischen Erkrankungen ist in den letzten zehn Jahren um 67,5 Prozent gestiegen. Ein Großteil davon wird durch ein hohes Stresslevel mindestens begünstigt. Im Kontext von Arbeit, Stress und psychischen Erkrankungen fällt seit vielen Jahren vermehrt der Begriff *Burnout* – ein Krankheitsbild, dessen Krankheitstage sich in den letzten zehn Jahren verdoppelt haben.

Stress entsteht durch andauernde Überforderung. Zu seinen Ursachen zählen heute vor allem Arbeitsverdichtung, Multitasking, Unsicherheit, ständige Erreichbarkeit sowie emotionale Arbeit. Seine je nach Studie sogar größte Quelle im Berufsleben wird aber oft nicht erwähnt: fehlende Anerkennung. Ein langfristiger Mangel an Wertschätzung verursacht Stress und der wiederum macht uns krank.

Stress ist die Reaktion unseres Gehirns darauf, dass unsere persönlichen oder sozialen Ressourcen nicht ausreichen, um ein unumgängliches Problem zu lösen.

Die Ironie von Stress besteht darin, dass er uns eigentlich helfen soll, unter besonders schwierigen Situationen zu bestehen. Denken wir uns in die Steinzeit: Wir stehen mit Speer und Lendenschurz in der Savanne und plötzlich springt ein Löwe aus dem Busch. Jetzt geht's um Ganze: Flucht oder Kampf! – Für solche Extremsituationen hat unser Körper einen Mechanismus entwickelt. Er stößt bestimmte Stoffe aus (v. a. Cortisol and Adrenalin), die den Blutdruck, die Herzfrequenz und den Blutzuckerspiegel erhöhen und dabei andere Körperfunktionen herunterfahren – darunter unser Immunsystem, unsere Reproduktionsvermögen sowie bestimmte geistige Fähigkeiten, wie unser Gedächtnis, unsere Kreativität und die Aufnahmefähigkeit für neue Informationen. Alle Ressourcen werden konzentriert auf den entscheidenden Moment.

Der Teufelskreis aus Stress und Wertschätzungsmangel

Doch was in der Steinzeit oftmals lebensrettend war, das ist verheerend fürs Büro. Stress ist für Ausnahmesituationen gedacht. Was ihn am Arbeitsplatz erzeugt, ist allerdings meist längerfristig: konstante Ungewissheit, wechselnde Deadlines, volle Posteingänge, Zeitdruck oder unser angespanntes Verhältnis zu Kolleg*innen. Neben einer Vielzahl gesundheitlicher und geistiger Beeinträchtigungen kommt es dabei zu einem Teufelskreis: Fehlende Wertschätzung verursacht Stress und Stress verringert sowohl unsere Fähigkeit, die Perspektive anderer zu übernehmen, als auch unsere Bereitschaft, ihnen mit Wohlwollen zu begegnen. Unsere E-Mails werden schroff und unpersönlich, wir nehmen uns weniger Zeit für persönliche Gespräche, wir meiden Feiern und Geselligkeiten. Das heißt: Wir sind gestresst, weil wir nicht anerkannt werden, und erkennen andere weniger an, weil wir gestresst sind. Die Folgen für alle Beteiligten sind beträchtlich.

Stress vorzubeugen, stellt eine große Herausforderung dar. Zum einen kann er eine Vielzahl von Ursachen haben, darunter auch solche, die außerhalb der eigentlichen Arbeitszeit liegen: Berufsverkehr, Mediennutzung, mangelnder Schlaf, familiäre Probleme oder fehlende Erholung. Zum anderen ist oft genug auch das Arbeitsvolumen einfach zu groß oder unsere Kompetenzen und Routinen sind nicht richtig an die neuen, zumeist digitalen Arbeitsweisen angepasst. Aufgrund dieser großen Bandbreite von Ursachen gibt es eine Vielzahl von Möglichkeiten, gegen Stress vorzugehen. Im Folgenden konzentrieren wir uns auf fünf Tipps, die sich vor allem um Wertschätzung drehen.

DAS KÖNNEN SIE TUN

1 **Man kann den Teufelskreis auch ins Positive wenden.** Wenn Sie Ihre Wertschätzungskultur verbessern, dann verringern Sie auch das Stresslevel in Ihrem Unternehmen. Sinkt das Stresslevel, verbessern sich die Bedingungen für eine gelingende Wertschätzungskultur. Machen Sie den Anfang bei Ihrem persönlichen Stresslevel! Suchen Sie in Stresssituationen bewusst die (erholende) Geselligkeit mit anderen. Ziehen Sie sich nicht zurück! Gestresste sehen oft die Zeit als Verschwendung an, die sie mit anderen verbringen, ohne zu arbeiten. Als Daumenregel gilt: Je gestresster Sie sind, desto wichtiger wird es, erholsame Zeit mit anderen zu verbringen. Betrachten Sie einander als soziale Oase, die ihnen Kraft gibt, besser weiterzuarbeiten.

2 Finden Sie heraus, welches **Grundbedürfnis** bei Ihnen und Ihren Kolleg*innen aktiviert wird, wenn Sie unter Stress stehen. Diese Bedürfnisse können erheblich voneinander abweichen. Die Berücksichtigung dieser Reaktionsweisen fördert den wertschätzenden Umgang miteinander. Hier ein paar Vorschläge, in denen Sie sich vielleicht wiederfinden. Wenn wir in Stress geraten, brauchen einige von uns vor allem emotionale Zuwendung, die den Zusammenhalt in der Gruppe betont, also z. B. ein „Wir schaffen das gemeinsam“. Anderen sind genaue Parameter und Vorgehensweisen wichtig, wie etwa ein „Wir gehen jetzt in folgenden, gut kontrollierbaren Schritten vor.“ Anderen hilft beim Stressabbau, verschiedene Handlungsmöglichkeiten zu erhalten und Entscheidungen treffen zu dürfen. – Regen Sie doch einmal eine Sitzung oder einen Workshop zu diesem Thema an, bei dem Sie sich darüber austauschen,

mit welchen Bedürfnissen die Teilnehmenden jeweils auf Stress reagieren und welchen Umgang sie sich damit wünschen. – Genaueres zum Thema Verhaltensmuster unter Stress finden Sie im Kapitel *Persönlichkeiten* (S. 109).

3 **Rituale** können das Vertrauen und den Teamgeist erhöhen und gleichzeitig Stress und Ängste verringern. Im Berufsleben sind Rituale selten, da sie oft als unnütz, künstlich oder albern empfunden werden. Mitunter sind auch die Denkmuster zu starr und die Routinen zu groß, um sich auf Rituale einzulassen. Dabei können sie ganz einfach sein und sich auf jeden Aspekt der Arbeit beziehen: von der Begrüßungsrunde neuer Mitarbeiter*innen über den Beginn von Meetings (machen Sie eine Aufwärmübung!), zu einem gemeinsamen Mantra oder Motto, bis hin zum Start eines neuen Arbeitstages oder dem Beginn neuer Projekte (warum nicht z. B. ein Eröffnungsband durchschneiden?). Auch regelmäßige After-Work-Partys oder ein gemeinsames Mittagessen pro Woche können dazugehören[10]. Schon ein einfaches High-Five, vielleicht auf besondere Weise ausgeführt, kann hier einen großen Unterschied ausmachen.

4 Stress beeinträchtigt unser Gedächtnis, unsere Wahrnehmung und lässt uns auf tiefsitzende und oft unzureichende Denk- und Handlungsmuster zurückfallen (S. 123 ff.). – Diese Folgen lassen sich mithilfe des **Wertschätzungslogbuchs** verringern, das Sie im hinteren Teil dieses Buches finden. Es entschleunigt durch kurze, gezielte Reflexion, fokussiert Ihre Aufmerksamkeit auf positive Dinge und dient Ihnen als Gedächtnisstütze.

5 Wenn Sie das Gefühl haben, selbst defensiv bzw. gestresst auf Feedback zu reagieren, dann probieren Sie einmal gesprächsbegleitend folgende Schritte aus, um Ihre Reaktion besser steuern zu können: *Erstens.* Lassen Sie Ihr Gegenüber ausreden und suchen

---

[10] Besonders schön fanden wir folgendes Ritual im Ritual: Ein Team benutzt einen Gong am Anfang des gemeinsamen wöchentlichen Lunches, um zu signalisieren, dass für die kommende Stunde nicht über die Arbeit gesprochen werden darf. Dies kommt der Erholung zugute und ermöglicht, durch persönlichere, geselligere Themen beieinander aufzutanken.

Sie dabei nach Anzeichen von Wertschätzung, auch wenn diese noch so unscheinbar sind. *Zweitens.* Fragen Sie sich, welche Punkte zumindest teilweise zutreffend waren. *Drittens.* Fassen Sie die Kritik am Ende noch einmal zusammen und versuchen Sie sicher zu stellen, dass die Gegenseite sich verstanden fühlt („Du meinst also, ich solle A ändern, weil …“ usf.). Dadurch erhalten Sie zumindest einen Teil der Kontrolle zurück, erhöhen die Klarheit auf der Sachebene und schaffen so eine bessere Ausgangssituation für einen weniger konfliktreichen Dialog. – Und versuchen Sie einmal grundsätzlich zu beobachten, ob der*die Kritisierende andere ähnlich behandelt. Vielleicht ist der Fokus Ihres Gegenübers ja grundsätzlich fehlerorientiert und hat weniger etwas mit Ihnen zu tun.

Wussten Sie schon …

… dass eine der kuriosen Nebenfolgen von Stress darin besteht, dass er unsere Fähigkeit verändert, Emotionen wahrzunehmen? Wenn wir gestresst sind, erkennen wir negative Gesichtsausdrücke schneller als positive. Dies wiederum verursacht, dass wir auch schneller auf negative Gefühlsäußerungen reagieren. Und so beginnt ein weiterer Teufelskreis.

WENN SIE MEHR WISSEN MÖCHTEN

Achor, Shawn: *The Happiness Advantage*, London 2011 | Hier finden Sie Tipps zur **Reduktion von Stress durch sozialen Umgang und Geselligkeit** sowie den wertvollen Rat, unvermeidlichen Stress positiv zu *framen*, d.h. als positive Aufgeregtheit zu betrachten, statt ihn durch eine negative Reaktion darauf weiter zu verstärken.

Badura, Bernhard u.a. (Hg.): *Fehlzeitenreport 2018*, Berlin 2018 | Zur **Zunahme der psychischen Erkrankungen** um 67,5 Prozent in den letzten zehn Jahren.

Cable, Daniel u.a.: „Breaking Them in or Eliciting Their Best? Reframing Socialization around Newcomers' Authentic Self-expression", in: *Administrative Science Quarterly* 58 (2013), S. 1–36 | Der **Fokus auf persönliche Stärken**, besonders bei Neuzugängen, statt auf eine möglichst gute Anpassung an die Firma, verringert später Stress.

Dickerson, Sally; Kemeny, Margaret; „Acute stressors and cortisol responses: a theoretical integration and synthesis of laboratory research", in: *Psychological Bulletin 130* (2004), S. 355–391 | **Fehlende soziale Anerkennung ist eine der größten Ursachen für Stress**.

Matyssek, Anne Katrin: *Wertschätzung im Betrieb. Impulse für eine gesündere Unternehmenskultur*, Norderstedt 2011 | Diesem auch grundsätzlich sehr empfehlenswerten Buch verdanken wir den fünften Tipp zum **Umgang mit den eigenen Reaktionen** auf Kritik.

Mayer, Markus u. a.: *Krankheitsbedingte Fehlzeiten in der deutschen Wirtschaft im Jahr 2018*, das Kapitel ist seit September 2019 online abrufbar: https://www.wido.de/fileadmin/Dateien/Dokumente/Publikationen_Produkte/Buchreihen/Fehlzeitenreport/wido_pra_fzr_2019_krankheitsbedingte_fehlzeiten.pdf | Zur **Zunahme der psychischen Erkrankungen** in den letzten zehn Jahren.

Sapolsky, Robert: *Gewalt und Mitgefühl. Die Biologie des menschlichen Verhaltens*, München 2017, London 2017, S. 123–124 | Hier finden Sie eine exzellente **Zusammenfassung der Mechanismen von Stress**.

ZUHÖREN = MANAGEMENT

Reden ist Silber, Zuhören ist Gold

Mal Hand aufs Herz: Einander aufmerksam zuzuhören ist nicht leicht, zumal am Arbeitsplatz. Dahinter stehen zunächst drei allgemeine Gründe: (1) Menschen sind mehr zum Reden als zum Zuhören gebaut. Unser Gehirn stößt *Dopamin* aus, wenn wir von uns selber sprechen, einen Neurotransmitter, der Glücksgefühle erzeugt. (2) Die Digitalisierung hat uns heute in eine geistige *Halbabwesenheit* geführt, die von der zunehmenden Arbeitsverdichtung weiter verstärkt wird. Dass wir geistig nur selten richtig da, sondern, teils unbewusst, schon halb bei etwas anderem sind, beeinträchtigt wesentlich die Qualität unseres Zuhörens. (3) Vor allem Führungskräfte glauben, die *Kontrolle* im Gespräch besitzen zu müssen, um schnell und sicher zu reagieren und Entscheidungen treffen zu können.

Aktives Zuhören besteht darin, im Gespräch andere zu verstehen und ihnen das Gefühl zu geben, verstanden zu werden. Es drückt Wohlwollen aus und fördert Wertschätzung und Vertrauen.

Zuhören bestimmt, wie erfolgreich wir sind

Aktiv zuzuhören ist für die neue Arbeitswelt zentral: Unsere Aufgaben werden immer komplexer und müssen zunehmend gemeinsam gelöst werden. Hierarchien nehmen ab, während Fach- und Entscheidungskompetenzen sich auf immer mehr Mitarbeitende verteilen. Deren Kompetenzen müssen schnell und wirksam koordiniert werden und dies oft unter wechselnden Bedingungen und unter Berücksichtigung individueller Bedürfnisse und Arbeitsstile. Zu den Voraussetzungen dafür gehört ein Austausch, der bestimmt ist von einer intensiven, interessierten und offenen Aufmerksamkeit.

Führen heißt Zuhören

Vor allem stellt aktives Zuhören eine der wirksamsten Formen von Wertschätzung dar. Es zeigt, wie aufmerksam und interessiert wir für andere sind. Studien belegen, dass Führungskräfte, die gut zuhören, das Wohl und den Erfolg ihrer Mitarbeitenden erheblich stärken. Sie werden eher als *people leaders* wahrgenommen, d. h. als Menschen, die sich weniger über ihre Position definieren, als vielmehr über ihre Fähigkeit, starke, motivierende Beziehungen zwischen den Mitarbeitenden aufzubauen. Sie erhöhen Vertrauen und Zufriedenheit und verbessern nachhaltig die Zusammenarbeit. Aktives Zuhören fördert Klarheit und Differenziertheit und vermeidet damit Missverständnisse und Unsicherheiten. Es erzeugt ein komplexeres Bild der besprochenen Sachverhalte, schwächt extreme Positionen ab, verringert Angst und erhöht Selbstreflexion und Kreativität. Und nicht zuletzt: Wer anderen richtig zuhört, dem wird selbst besser zugehört.

DAS KÖNNEN SIE TUN

1 Zunächst sollte es beim aktiven Zuhören stets darum gehen, den zugrunde liegenden Sachverhalt genau zu verstehen. Vorschläge, Anweisungen oder Beurteilungen können zwar wichtige Teile oder das eigentliche Ziel von Gesprächen bilden. Werden sie aber zu früh vorgetragen, erschweren sie oft, dass wichtige Details ans Licht kommen, oder geben anderen das Gefühl, dass ihre Perspektive wenig zählt. Machen Sie sich zur Daumenregel: **Es gibt immer eine Sache mehr zu erfahren, als Sie erwarten**. Versuchen Sie in den kommenden Gesprächen einmal bewusst, Ihr Urteil sowie Ihren Impuls zurückzuhalten, Tipps zu geben, und beobachten Sie, was passiert.

2 Fragen sind meist wichtiger für den Erkenntnisgewinn und für den Ausdruck von Wertschätzung als Ratschläge. Zwei Arten sind besonders wichtig: **verständnissichernde** und **entdeckungsfördernde Fragen**. Mit *verständnissichernden* Fragen überprüfen Sie, ob Sie Ihr Gegenüber tatsächlich verstanden haben: „Das heißt also, dass ...?"/ „Meinst du damit, dass..." / „Bedeutet das also, dass ...?" – Solche verständnissichernden Fragen haben zudem den Vorteil, dass sie selten als Unterbrechung wahrgenommen werden. Bereits der Versuch einer solchen Verständnissicherung gibt Ihrem Gegenüber das Gefühl, ernst genommen zu werden. *Entdeckungsfördernde* Fragen helfen neue Perspektiven zu eröffnen. Sie zeigen Ihrem Gegenüber, dass Sie sowohl mitdenken, als auch an der Sicht des anderen interessiert sind: „Wenn Du allein entscheiden könntest, wie würdest Du an diese Sache herangehen?" / „Wenn es keine Prozessregeln gäbe, welche würdest Du einführen?" / „In der idealen Situation würde es deiner Meinung nach wie laufen?".

3 Eröffnen Sie Ihrem Gegenüber Spielräume, wenn Sie Tipps und Hinweise geben, so dass Gegenvorschläge und zusätzliche Ideen nicht blockiert werden. Dazu ist es hilfreich, die eigenen **Vorschläge als Fragen zu formulieren**. Anstelle von „Du musst / du solltest ...", kann der eigene Rat mit dem Einholen einer anderen Meinung verbunden werden: „Was hältst du davon, es so ... zu machen?" oder „Hast du schon einmal ausprobiert, ob ... ?"

4 Stellen Sie eher **offene als geschlossene Fragen**, wenn Sie genauere oder kreativere Antworten möchten. Eine offene Frage beeinflusst die Antwort weniger und gewährt mehr Möglichkeiten, auf sie einzugehen. Fragen Sie zum Beispiel eher: „Wie lief das Projekt gestern?" statt „Lief das Projekt gut?" – Oft stellen wir geschlossene Fragen (= Ja/Nein-Fragen), weil wir glauben, bereits die Antwort zu kennen, oder weil wir das Gespräch abkürzen wollen. Geschlossene Fragen begünstigen, dass unser Gegenüber sich hinter der Antwort versteckt. Sie beschränken außerdem unseren Blick auf bestimmte Optionen. So ist etwa gezeigt worden, dass Ärzt*innen, die eher offene Fragen formulieren („Wo haben Sie Schmerzen?"), genauere Diagnosen stellen, als solche, die durch geschlossene Fragen bereits eine bestimmte Blickrichtung vorgeben („Tut es im Bauch weh?“)[11].

5 Eine der nützlichsten Fragen, zumal für emotional schwierige Gespräche, lautet: **„Was könnte hier hilfreich sein?“.** Diese Frage hat zwei Vorteile. Zum einen erzeugen Sie damit weniger Druck, sofort eine Lösung präsentieren zu müssen, wie etwa durch die Frage: „Was sollen wir jetzt tun?“. Zum anderen erleichtert sie, auf ungewöhnliche, weniger naheliegende und dadurch oft bessere Antworten zu kommen. – Weitere Fragen für eine erfolgreiche Gesprächsführung finden Sie zum Ausdrucken auf: 🌐 www.berlin-alley.com/praxisbuch-wertschätzung.

6 Schaffen Sie eine **Gesprächsatmosphäre**, in der sich Ihr Gegenüber respektiert und sicher fühlt. Klappen Sie den Laptop zu und nehmen Sie Ihr Handy vom Tisch. Tun Sie dies nicht, dann bleiben Sie, oft auch unbewusst, selbst abgelenkt und wirken, wie Studien gezeigt haben, auf viele Menschen eher unsympathisch. Nehmen Sie außerdem eine Sitzhaltung ein, die offen und kooperativ ist. Das heißt, setzen Sie sich mit Ihrer Gesprächspartnerin wirklich zusammen: idealerweise, ohne dass ein Tisch dazwischen ist, und auch nicht frontal gegenüber, sondern eher ein wenig schräg. Oder gehen Sie, falls dies möglich ist, gemeinsam ins Freie und führen das Gespräch im Gehen. Dies verstärkt tatsächlich den Eindruck, Seite an Seite zu arbeiten und in dieselbe Richtung zu gehen. Viele erfahrene Verhandlungsführer*innen nutzen diese Methode.

7 Wer immer erreichbar ist, ist nie wirklich da. Dies gilt auch für Gespräche im Team. **Feste Sprechzeiten** erleichtern, dass wir einander die Aufmerksamkeit geben, die wir wirklich brauchen. Jedes Team hat hier allerdings andere Bedürfnisse. Diskutieren Sie daher einmal gemeinsam die Vorteile dieser Praxis (bessere Konzentration, höhere Qualität der Gespräche sowie der Umstand, dass kleinere Probleme sich oftmals inzwischen von allein erledigen) und

---

11 Dies gilt bereits für die Begrüßung. Mit einem „Geht es dir gut?“ drängen Sie Ihr Gegenüber eher zu einem Ja, hinter dem sich eine Vielzahl von Informationen verstecken kann. Mit einem „Wie geht es dir?“ eröffnen Sie aber die Möglichkeit zu einer ausgewogeneren, reichhaltigeren Antwort.

versuchen Sie herauszufinden, welche Fragen sich grundsätzlich auf feste Sprechzeiten auslagern lassen. Hilfreich dabei ist nicht nur, die konkreten Zeiten zu bestimmen, sondern auch festzulegen, *womit* die Mitarbeitenden zur Führungskraft kommen können. Dadurch werden Unsicherheiten beseitigt, die typischerweise durch ein eher unbestimmtes „Sie können jederzeit zu mir kommen" entstehen.

8 Oft ist unser Kopf noch voll mit Gedanken, wenn wir in ein Gespräch gehen. Diese beruhigen sich erst dann, wenn sie geklärt sind oder ihre Klärung zumindest geplant ist. Dabei kann Ihnen ein sogenannter **Mind Dump** helfen (zu deutsch: *geistiges Abladen*). Schreiben Sie dafür vor einem wichtigen Gespräch kurz all das auf, was Ihnen im Kopf herumgeht und, wenn Sie die Zeit haben, wie und wann Sie besonders dringliche Angelegenheiten erledigen wollen. Dann ist ihr Denken weniger belastet und Sie können konzentrierter zuhören.

9 Verzichten Sie auf Reaktionen, wie „**Ah, das kenne ich von mir!**". Wir wollen damit zwar unterstreichen, dass wir den anderen gut verstehen, kürzen so aber ungewollt den Dialog ab und verhindern oft ein tiefergehendes Verständnis: Ihr Gegenüber wird es schwerer haben, seine spezifischen Erfahrungen genauer darzustellen. Fragen Sie stattdessen lieber einmal mehr nach und lassen Sie die andere Person ausführlicher erzählen. – Sollte Ihnen dieser Vorschlag unplausibel vorkommen (das geht recht vielen so), dann überlegen Sie doch einmal, wie oft Ihnen ein „Ah, das kenne ich!" das Gefühl gegeben hat, wirklich verstanden worden zu sein, oder achten Sie darauf, was mit Ihnen passiert, wenn Sie es selbst das nächste Mal hören.

10 Machen Sie es sich zur Angewohnheit, nach längeren bzw. wichtigen Gesprächen ein **kurzes Feedback zum Gespräch** einzuholen. Stellen Sie dazu einfache, auf einen einzelnen Aspekt bezogene Fragen, wie z. B. „Gibt es eine Sache aus unserem Gespräch, die ich in Zukunft wiederholen sollte?" / „Gibt es etwas, das ich in Zukunft noch häufiger oder genauer ansprechen sollte?" Solche Feedbackfragen sind nicht nur leicht zu beantworten und holen wertschätzend die Meinung des anderen ein, sondern sie sind zudem so niederschwellig („nur eine Sache"), dass sich die Praxis leicht auf alle Gespräche übertragen lässt.

11 Wir können viel schneller denken als reden oder zuhören und zwar bis zu dreimal so schnell (450 Wörter gegenüber 150). Dies führt oft dazu, dass Denken und Zuhören asynchron werden. Wir beginnen, uns mit den eigenen Gedanken zu beschäftigen, weil wir sie nicht vergessen wollen, und verlieren dadurch den Fokus auf das, was wir gerade hören. **Randnotizen** sind hierfür eine effiziente Lösung. Sie helfen uns, innere Stimmen rasch aus dem Kopf zu bekommen. Versehen Sie dazu ein Blatt mit einem Rand. Notieren Sie im Gespräch stichwortartig das Gehörte im Hauptteil und fügen Sie am Rand die eigenen Gedanken, Ideen, Widerlegungen oder Fragen hinzu. Erledigte Punkte können Sie durchstreichen. Randnotizen sind vor allem bei komplexen Sachverhalten und bei mehreren Teilnehmenden wie z. B. in Meetings sehr nützlich.

12 Die vielleicht wichtigste Frage beim aktiven Zuhören ist die Folgefrage. Das heißt: **Haken Sie freundlich nach**, bleiben Sie beharrlich, geben Sie sich nicht mit der ersten Antwort zufrieden – vor allem dann nicht, wenn es um Bedürfnisse geht. Viele Menschen tendieren in Feedbackgesprächen dazu, eher vordergründige Interessen oder Gefühle zu bekunden, etwa aus Bescheidenheit, Angst oder Scham. Das dahinterliegende Bedürfnis zu ermitteln, ist aber nicht nur wertschätzend, sondern hilft in vielen Fällen auch, Konflikte zu schlichten. Wer zum Beispiel Interesse an einer bestimmten Position bekundet, möchte vielleicht grundsätzlich mehr Verantwortung oder Abwechslung bei der Arbeit. Wer bei einem Projekt geringe Initiative zeigt, will womöglich mit den eigenen Ideen nur jemand anderen nicht vor den Kopf stoßen. Wer auffällig wenig zusammenarbeitet oder zu viele Entscheidungen im Alleingang trifft, ist vielleicht besorgt, dass die eigenen Beiträge zum Erfolg nicht ausreichend gesehen werden. – Der Vorteil davon, solche allgemeineren oder verborgenen Bedürfnissen zu kennen: Sie lassen sich, was den Beteiligten zunächst oft nicht bewusst ist, in der Regel auf verschiedene Weise beantworten. Eine freundliche Beharrlichkeit beim Erfragen von zugrundeliegenden Bedürfnissen kann also neben dem Gefühl, wertgeschätzt zu werden, auch Ihre Handlungsoptionen erhöhen.

Wussten Sie schon …

… dass wir unmittelbar nach einem Gespräch und unabhängig davon, für wie aufmerksam wir uns dabei gehalten haben, im Schnitt die Hälfte des Gehörten bereits vergessen haben? Dies zeigte eine klassische Studie mit Geschäftsführern und Studenten aus dem Jahr 1957. – Was glauben Sie: Wie hoch ist dieser Wert heute?

WENN SIE MEHR WISSEN MÖCHTEN

Headlee, Celeste: *We Need to Talk. How to Have Conversations that Matter*, New York 2017 | In diesem wichtigen Buch finden Sie viele praktische Tipps und Hintergrundinformationen **über besseres Zuhören**.

Hurwitz, Anat; Kluger, Avraham N.: „The Power of Listeners. How Listeners Transform Status and Co-create Power“, in: *Academy of Management Proceedings* 2017 (Online-Publikation) | **Führungskräfte, die gut zuhören,** stellen mehr Vertrauen her, erzeugen höhere Zufriedenheit auf der Arbeit und erhöhen die Kreativität im Team.

Itzchakov, G. u. a.: „The Listener Sets the Tone: The Effect of High Quality Listening on Speakers' Attitude Certainty and Behavior-Intention Consequences“, in: *Personality and Social Psychology Bulletin*, 44 (2018), S. 762–778 | Zu den **positiven Folgen aktiven Zuhörens**.

Mitchell, Jason P.; Tamir, Diana: „Disclosing information about oneself is intrinsically rewarding“, in: *Proceedings of the National Academy of Science* 109 (2012), S. 8038–43 | Zur **Dopamin-Belohnung** im Gehirn, wenn wir über uns selbst sprechen.

Nichols, Ralph G.; Stevens Leonard A.: „Listening to People“, in: *Harvard Business Review*, September 1957 | **Wir merken uns nur die Hälfte** von einem Gespräch, das wir gerade geführt haben.

Rogers, Carl R.: *Die nicht-direktive Beratung*, München 1995 | Hier finden Sie **konkrete Techniken für das Aktive Zuhören**.

Silverman, Arielle M. u. a.: „Stumbling in Their Shoes: Disability Simulations Reduce Judged Capabilities of Disabled People“, in: *Social Psychological and Personality Science*, November 2014, S. 464–471 | Durch (rationales) **Nachfragen erschließen wir uns die Perspektive des anderen besser** als durch empathisches Hineinfühlen.

EMPATHIE – EINE ÜBERSCHÄTZTE KOMPETENZ?

Warum wir uns im Beruf nicht auf Empathie verlassen sollten

Empathie wird häufig zu den Schlüsselkompetenzen der neuen Arbeitswelt gezählt. Sie soll erleichtern, Bedürfnisse zu erkennen, Konfliktsituationen zu entschärfen und zugunsten anderer zu handeln. Ohne empathisches Vermögen, insbesondere von Führungskräften, so die verbreitete Auffassung, fehlt eine Voraussetzung für gelingende, wertschätzende Kommunikation am Arbeitsplatz.

> **Empathie** ist die Fähigkeit, die Gefühle anderer Personen mitzufühlen und stellvertretend selbst zu erleben.

Doch wie geeignet ist Empathie, Führung und Kommunikation zu leiten und eine faire, bedürfnisorientierte Unternehmenskultur zu ermöglichen? – Unsere Position hierzu dürfte Sie überraschen: Wenn Sie eine erfolgreiche, wertschätzende Zusammenarbeit anstreben, dann verlassen Sie sich besser nicht auf Ihre Empathie. Sie kann zwar dabei helfen, Gefühle zu *entdecken*, aber insbesondere im beruflichen Kontext ist sie mit schwerwiegenden Problemen verbunden. Hier sind vier davon:

(1) Empathie ist parteiisch

Bei sportlichen Wettkämpfen, etwa beim Fußball, lässt sich beobachten, dass wir Fouls an eigenen Teammitgliedern stärker mitfühlen als an gegnerischen. Das liegt daran, dass Empathie Mitglieder

der eigenen Gruppe bevorzugt. Am Arbeitsplatz können dazu das eigene Team, die eigene Abteilung oder einfach Menschen gehören, die uns räumlich nahestehen, z. B. die Kollegin im geteilten Büro oder Personen, denen wir häufiger auf dem Flur begegnen. Empathie kann durch diese Parteilichkeit zu Silo-Bildungen im Unternehmen beitragen und die Bildung von Gruppen begünstigen, die sich abgrenzen voneinander und dadurch den Informationsfluss oder allgemein die Zusammenarbeit erschweren. Darüber hinaus bevorzugt Empathie auch diejenigen, deren Meinung unserer eigenen ähnlich ist. Dadurch kann es zu Bevorzugungen bzw. Benachteiligungen von einzelnen Mitarbeiter*innen kommen.

(2) Empathie und Stress bilden einen Teufelskreis

Empathie kostet Kraft. So viel Kraft, dass man von *empathischem Stress* spricht. In vielen Pflege- und Sozialbereichen gehört es deshalb zur Ausbildung, die empathische Reaktion zu reduzieren. Da Teamarbeit und persönlicher Austausch nicht zuletzt im Wissenssektor stark an Bedeutung gewinnen, nehmen auch dort die Quellen für empathischen Stress zu. Darauf reagieren wir häufig mit Abwehr oder vermeiden die entsprechenden Situationen, weil wir überfordert sind. Im Gegenzug verringert Stress – neben vielen anderen wertvollen Fähigkeiten wie Kreativität und Konzentration – auch unsere Empathie. Wenn Sie unter Überlastung leiden oder zu viel Multitasking betreiben, dann sind Sie schlechter darin, die Gefühle anderer wahrzunehmen.

(3) Empathie kann egozentrisch sein

Die Emotionen anderer mitzufühlen, heißt nicht zwangsläufig, sie auch zu verstehen. So kann das eigene empathische Gefühl verwechselt werden mit den tatsächlichen Bedürfnissen der anderen. Das vermeintlich Mitgefühlte lässt uns die Lösung möglicher Probleme eher aus der eigenen Perspektive angehen, statt aus derjenigen der anderen.

(4) Empathie klettert auf der Karriereleiter nicht mit

Gerade Führungskräfte leiden häufig unter einem Mangel an Empathie. Dies hat nur teilweise etwas mit höherem Stress zu tun – und natürlich nicht damit, dass Führungskräfte die schlechteren

Menschen sind. Je höher man in der Karriereleiter steigt, desto stärker sinkt unbewusst die Bereitschaft, sich auf die Perspektive oder gar die Gefühle anderer einzulassen. Diese Abnahme spüren dann nicht die Betroffenen selbst – wohl aber deren Mitarbeiter*innen.

DAS KÖNNEN SIE TUN

1 **Relativieren** Sie die Bedeutung von Empathie. Sie kann zwar erleichtern, Gefühle bei anderen zu *entdecken*. Um daraufhin die wirklichen Bedürfnisse unserer Kolleg*innen aber auch angemessen zu berücksichtigen, braucht es noch etwas anderes. Es ist daher kein Zufall, dass sich die hilfreichsten Tipps, die sich in der Praxis dazu finden, meist auf drei Alternativen zu Empathie beziehen: auf die rationale Perspektivübernahme, die konkrete Gesprächsführung und die Einnahme einer offenen, wohlwollenden Haltung. Hier einige Hinweise dazu:

2 Die Alternative bzw. Ergänzung zur Empathie ist die Haltung des fürsorglichen Verstehens. In Abgrenzung zur Empathie spricht man in der Forschung meist von „Mitgefühl" (englisch: *compassion*). Mitfühlendes Verstehen kostet erheblich weniger Kraft und kann überdies trainiert werden. Diese Haltung besteht in **Aufgeschlossenheit, Wohlwollen und Fürsorge** anderen gegenüber und ist die „Profi-Variante" der Empathie. Sie hilft Ihnen, über den Moment des aktuellen Gefühls hinauszudenken und Ihre Aufmerksamkeit auf die längerfristigen und tieferliegenden Bedürfnisse Ihrer Mitarbeiter*innen zu richten. *Aufgeschlossen* bedeutet hierbei, dass Sie bereit sind, wertungsfrei zu lernen, wie Ihre Kolleg*innen denken und fühlen. *Wohlwollend* heißt, anderen grundsätzlich keine schlechten Absichten zu unterstellen. Und *fürsorglich* bedeutet, dass Sie bestrebt sind, Ihre Kolleg*innen bestmöglich zu fördern. In dieser Hinsicht ist Mitgefühl im Gegensatz zur Empathie auch nicht „soft" oder „nett": Die Förderung kann darin bestehen, kurzfristig (sehr) unangenehme Dinge anzusprechen, die aber langfristig im Sinne des anderen sind. – Fürsorgliches Verstehen und damit die Zunahme von Aufgeschlossenheit und Wohlwollen sowie die Verringerung unserer Bewertungsreaktion lässt sich nachweislich

trainieren u.a. durch aktives Zuhören (S. 85 ff.), bestimmte Meditationsformen (S. 21) und einzelne Praktiken wie Improv (S. 165) oder *Was würde ein Freund tun?* (S. 166).

3 **Distanzieren** Sie sich von Ihrer empathischen Reaktion. So hilfreich diese zunächst sein mag, Gefühle bei anderen zu entdecken, oft verhindert sie im Anschluss die richtige Entscheidung. So kann sie z. B. bewirken, dass wir zu nachsichtig sind, etwa indem wir die Wahrheit „schön verpacken" oder unangenehme Tatsachen nicht aussprechen. Eine gute Technik zur spontanen Abstandnahme von Gefühlen und Reaktionen, die Offenheit oder Objektivität erschweren, sind „Türstopper" (S. 74).

4 **Fragen ist besser als Fühlen.** Üben Sie sich im aktiven Zuhören. Das offene, geduldige und interessierte Erkundigen nach Bedürfnissen, Überlegungen und Zielen steigert bei Ihrem Gegenüber nicht nur das Gefühl, wertgeschätzt zu werden. Es fördert und vertieft auch das Verständnis für die tatsächlichen Bedürfnisse und Auffassungen. Aktives Zuhören zählt heute zu den wichtigsten Management-Skills und kann vergleichsweise leicht gelernt werden. Genaueres dazu können Sie ab S. 85 ff. erfahren.

5 Erhöhen Sie Ihre emotionale Kompetenz. Diese besteht in der Fähigkeit, Gefühle besser zu unterscheiden, zu verstehen und zu kontrollieren. Zwei bewährte Methoden können Ihnen dabei helfen: Zum einen empfehlen wir, regelmäßig **über die eigenen Gefühle nachzudenken**, möglichst in schriftlicher Form. Stellen Sie sich das nicht wie ein romantisches Tagebuch vor, sondern als ein waschechtes Workout für Ihre emotionale Intelligenz: Was Sie nicht beobachten, werden Sie nicht verstehen. Was Sie nicht verstehen, können Sie nicht steuern. Das gilt besonders für Gefühle.[12] Hierzu trägt zum anderen Achtsamkeitstraining bei. Es erhöht Ihre Fähigkeit, sich nicht von den eigenen oder von empathisch mitempfundenen Emotionen mitreißen zu lassen. Dadurch kön-

---

[12] Hierzu gehört auch die Lektüre von Literatur und allgemein die Beschäftigung mit Kunst. Beides gilt nicht umsonst als *Schule der Gefühle* und des Denkens allgemein. Ein modernes, beziehungsorientiertes Management (S. 23) darf den Umgang mit Kunst und Literatur getrost zur beruflichen Weiterbildung zählen.

nen Sie besser zuhören und mit größerer Klarheit Entscheidungen treffen. Vor allem die für ein Büroumfeld besonders praxistaugliche *Open-Awareness-Meditation* bringt eine Vielzahl weiterer Vorteile für Beruf und Privatleben mit sich – nicht zuletzt reduziert sie Stress und erhöht Kreativität, Willenskraft und Konzentration.

6 Sorgen Sie dafür, dass Sie im Gespräch **ganz anwesend** sind. Dazu gehören drei Dinge. *Erstens.* Teilen Sie sich Ihre Aufmerksamkeit ein: Durch Sprechzeiten, auch und gerade für Kolleg*innen, können Sie wichtige Unterhaltungen in Konzentrationsphasen bündeln. Eine Praxis der offenen Tür, so gut diese gemeint sein mag, kann unsere Aufmerksamkeit für die Besucher*innen beeinträchtigen. Hier gilt, wie auch allgemein für die Arbeitswelt von heute: Wer immer erreichbar ist, ist nie wirklich da. *Zweitens.* Zur richtigen Vorbereitung auf Personalgespräche gehört auch eine Pause, in der Sie sich sammeln und den Kopf frei machen für das Kommende. Ablenkungsfreie, gerätefreie Pausen fördern die Regeneration ihrer Willenskraft, die notwendig ist für fruchtbare Gespräche. *Drittens.* Denken Sie auch daran, Ablenkungsquellen während des Gesprächs zu vermeiden. (Mehr Informationen zur Gesprächsführung finden Sie auf S. 143–158.)

7 Nutzen Sie die **Vorteile von Empathie**. Wenn Sie merken, dass Sie empathisch reagieren, folgen Sie dem daraus entstehenden Impuls: Sprechen Sie Ihr Gegenüber an und schildern Sie Ihren Eindruck: „Du scheinst gegenüber meinem Vorschlag etwas skeptisch zu sein. Möchtest du mir sagen, welche Bedenken du hast?“.

Wussten Sie schon …

Nach einer Metastudie der Universität Michigan hat zwischen den Jahren 2000 und 2010 unsere Fähigkeit zur Empathie und Perspektivübernahme erheblich abgenommen: im Vergleich zu den 80er und 90er Jahren um 40 Prozent. Über die Ursachen lässt sich zurzeit nur spekulieren, doch dürfte die Digitalisierung an diesem Rückgang sehr wahrscheinlich beteiligt sein. – Was meinen Sie?

WENN SIE MEHR WISSEN MÖCHTEN

Bloom, Paul: *Against Empathy. The Case for Rational Compassion*, New York 2016 | Dies ist eine ebenso aufregende wie streitbare Lektüre zu den **Nachteilen der Empathie**.

Breithaupt, Fritz: *Die dunklen Seiten der Empathie*, Frankfurt am Main 2017 | Einer der führenden deutschen Forscher über die **Limitationen von Empathie** und ihre negativen Aspekte.

Galinsky, Adam u. a.: „Power and Perspectives Not Taken", in: *Psychological Science* 17 (2006), S. 1068–1074 | Ein Artikel über die **negative Korrelation von Macht und Perspektivübernahme**.

Halbesleben, J. R. B. u. a.: „Too engaged? A conservation of resources view of the relationship between work engagement and work interference with family", in: *Journal of Applied Psychology*, 94 (2009), S. 1452–1465 | Eine der vielen Studien darüber, wie **uns Empathie erschöpft**.

Konrath, Sara u. a.: „Changes in Dispositional Empathy in American College Students Over Time: A Meta-Analysis", in: *Personality and Social Psychology Review* 15 (2011), S. 180–198 | Über den **Rückgang von Empathie** in den letzten Jahrzehnten.

Sapolsky, Robert: *Behave. The Biology of Humans at Our Best and Worst*, London 2017, S. 542–552 | Hier finden Sie eine gute Zusammenfassung der **Nachteile von Empathie**.

Singer, Tania; Bolz, Matthias: *Mitgefühl in Alltag und Forschung*, München 2013 | Das Buch enthält viele **Hinweise zum Training** des fürsorglichen Verstehens (=compassion) und findet sich hier zum kostenlosen Download: http://www.compassion-training.org/

Useem, Jerry: „Power causes brain damage", in: *The Atlantic*, August 2017 | Sehr gute Zusammenfassung zur Frage, warum **Macht und Empathie** sich gegenläufig entwickeln.

Zammuner, Vanda Lucia: „Writing to think. Narrating events to understand one's own emotional understanding", in: *Issues in writing research*, CLEUP 2012, S. 266–270 | Wie **Schreiben über Gefühle unsere emotionale Kompetenz** fördert.

FRAUEN UND MÄNNER

Wie Stereotype unser Denken und Handeln beeinflussen

von Tanja Hentschel

„Bewerberin A ist sicher sozialer als Bewerber B, sie ist ja eine Frau. Aber Bewerber B ist als Mann bestimmt durchsetzungsstärker als Bewerberin A.“ Klingen solche Äußerungen bekannt? Diese Sätze sind Beispiele für Geschlechterstereotype und daraus resultierende – in vielen Fällen falsche – Rückschlüsse auf individuelle Personen.

Geschlechterstereotype sind verallgemeinerte Annahmen darüber, welche Eigenschaften Frauen und Männer haben oder auch haben sollten.

Wir alle haben Stereotype: Die Annahme, dass sich Frauen irgendwie ähnlich und Männer sich auch irgendwie ähnlich sind, hilft uns die Informationsflut, mit der wir täglich konfrontiert sind, besser zu verarbeiten. Da es aber große individuelle Unterschiede unter Frauen und unter Männern gibt, führen Stereotype häufig zu Fehlurteilen. Sie beeinflussen auch unsere Wertschätzung von Personen.

Welche Stereotype wir genau haben, ist kulturell bedingt: Wenn wir mit Frauen und Männern in unterschiedlichen *geschlechtstypischen* Rollen konfrontiert sind (z. B. mehr Frauen in Elternzeit oder als Kindergärtnerinnen und mehr Männer in Führungspositionen oder als Handwerker), schließen wir daraus, welche Eigenschaften Frauen und Männer haben (sollten). So nehmen wir Frauen als sozialer, fürsorglicher oder emotionaler und Männer als durchsetzungsstärker, führungskompetenter oder auch handwerklich begabter wahr.

Geschlechterstereotype geben außerdem soziale Normen vor: Wir erwarten beispielsweise von Frauen, dass sie fürsorglich und von Männern, dass sie durchsetzungsstark sind. Erfüllt ein Mann oder eine Frau solche geschlechtsstereotypen Erwartungen nicht, reagieren wir häufig negativ: Wir werten die Person ab, finden sie unsympathisch oder haben keinen Respekt vor ihr.

Einige Konsequenzen von Stereotypen

Weil wir Männern (mehr als Frauen) stereotyp Eigenschaften zuschreiben, die wir auch Top-Führungskräften zuschreiben, werden Männer häufiger befördert als gleichqualifizierte Frauen.

Wenn eine Frau und ein Mann zusammen eine traditionell männliche Arbeitsaufgabe erfolgreich bewältigen, gehen wir öfter davon aus, dass der Mann den Hauptbeitrag geleistet hat. Wird die Aufgabe nicht bewältigt, schreiben wir eher der Frau die Verantwortung dafür zu.

Wenn Frauen nicht hilfsbereit gegenüber Kolleg*innen sind (sie also eine stereotype Erwartung für ihr Geschlecht nicht erfüllen), sind wir weniger geneigt, sie für Gehaltserhöhungen oder Beförderungen zu empfehlen als nicht hilfsbereite Männer (für die wir aber keine stereotype Erwartung haben).

Wenn Frauen hilfsbereit sind, wird dies weniger wahrgenommen als bei Männern, da diese die Erwartung an ihr Geschlecht übererfüllen. Hilfsbereite Männer werden daher als besonders leistungsfähig bewertet und mehr für Gehaltserhöhungen oder Beförderungen empfohlen als hilfsbereite Frauen. Als kompetenter werden auch männliche im Vergleich zu weiblichen Führungskräften bewertet, wenn sie ihre Mitarbeitenden individuell wertschätzen und beziehungsorientiert führen.

Auch für Männer können Stereotype Nachteile mit sich bringen. Wenn sich Männer besonders zurückhaltend verhalten (und damit die stereotype Erwartung für ihr Geschlecht, selbstbewusst zu sein, nicht erfüllen), werden sie als unentschlossener, unsicherer und rückgratloser als zurückhaltende Frauen bewertet und dadurch auch weniger respektiert.

Negative Konsequenzen für Frauen und Männer, die stereotype Erwartungen und Vorschriften für ihr Geschlecht nicht erfüllen, bezeichnet man als **Backlash-Effekte** (deutsch: Rückschlag-Effekte). Besonders positive Konsequenzen für Frauen und Männer, die stereotype Erwartungen und Vorschriften für ihr Geschlecht übererfüllen, bezeichnet man als **Bonus-Effekte.**

Aufgrund von Stereotypen nehmen wir Frauen und Männer, auch wenn sie sich gleich verhalten, unterschiedlich wahr und reagieren unterschiedlich auf sie. Gleiches Verhalten wird also nicht gleichberechtigt für beide Geschlechter *wertgeschätzt.*

DAS KÖNNEN SIE TUN

Stereotype können nicht vollständig abgelegt werden. Um sicher zu gehen, dass sie möglichst wenig zu verzerrten Bewertungen von Bewerbenden, Mitarbeitenden, Kolleg*innen, oder Führungskräften führen, können aber einige Maßnahmen ergriffen werden.

1 **Sensibilisierungs- und Diversitytrainings** können – wenn richtig durchgeführt – helfen Stereotype zu verringern. Um Reaktanz im Unternehmen zu verringern, sollten Trainings auf freiwilliger Basis angeboten und ggf. an die Lösung eines konkreten Problems geknüpft werden (z. B. Anzahl weiblicher Bewerberinnen erhöhen). Fragen Sie sich im Unternehmensalltag häufiger einmal: Hätte ich eine Frau (einen Mann) in dieser Situation anders behandelt?

2 **Inklusive Unternehmenskultur und Motivation für Diversität**. Führungskräfte (die eine Vorreiterrolle einnehmen) und Mitarbeitende können eine inklusive und diversitätsfreundliche

Unternehmenskultur etablieren. Sie können vom Wert einer solchen Kultur überzeugt werden, indem sie um aktive Mithilfe für den möglichen Kulturwandel gebeten werden. So werden sie Teil der Gruppe, die ein Problem (z. B. „inklusive Kultur schaffen") angeht, und ihre Motivation steigt.

3 **Professionalisierung von Personalbeurteilung** (sowie Personalauswahl und -beförderung) mittels

- *Verringerung von Unklarheiten.* Durch erhöhte Strukturierung von Personalbeurteilungsprozessen kann der Einfluss „des Bauchgefühls" (dem häufig stereotype Annahmen zugrunde liegen) verringert werden. Stereotype wirken stärker, je mehr Unwissen und Unklarheit über eine Person bestehen. Wenn beispielsweise alle Mitarbeitenden strukturiert anhand der gleichen Kriterien beurteilt werden (oder allen Bewerbenden im Einstellungsinterview die gleichen Fragen gestellt werden), liegt für alle eine ähnlich große Anzahl von Informationen vor. So kann die Vergleichbarkeit von Personen erhöht werden. Außerdem können potenzielle Verzerrungen der Wahrnehmung oder Interpretation von Beurteilenden durch einen zweiten Beurteilenden (ggf. des anderen Geschlechts) ausgeglichen werden, sofern sie unabhängig voneinander eine erste Beurteilung vornehmen.
- *Erhöhung der Motivation für professionelle Personalbeurteilung.* Personalbeurteilung (und -auswahl) läuft in vielen Unternehmen nebenbei, als zusätzliche Arbeit, für die es aber häufig keine zusätzliche Zeit oder Anerkennung gibt. Als Resultat werden wichtige Personalentscheidungen „schnell, schnell" oder „Pi mal Daumen" gefällt und dabei verstärkt auf Stereotype zurückgegriffen. Die Motivation der Personalbeurteilenden kann erhöht werden, indem sie von der Wichtigkeit und Konsequenzen der Entscheidung überzeugt werden (z. B. wenn sie selbst mit einer/einem Bewerber*in in einem anspruchsvollen Projekt zusammenarbeiten werden) oder wenn sie eine Personalentscheidung detailliert begründen müssen.

Damit sich Frauen und Männer gleichermaßen im Unternehmen willkommen und wertgeschätzt fühlen, können weitere Maßnahmen ergriffen werden:

4 **Passung auf nicht-traditionelle Berufe und Positionen erhöhen**. Frauen und Männer schätzen ihre Passung auf und ihre Kompetenzen für offene Stellen ab. Durch eine transparente Beschreibung dieser Positionen kann die wahrgenommene Passung beeinflusst werden. Wenn traditionell männliche Positionen (wie prestigeträchtige Karrierechancen) geschlechterfair im Rekrutierungsprozess dargestellt werden, erhöhen sich die Bewerbungsabsichten von Frauen (und die von Männern bleiben gleich). Dies geht in Stellenanzeigen mittels:

- geschlechterfairer Sprache (Beidnennung der maskulinen und femininen Berufsbezeichnung anstelle nur „M/W")
- neutralen, gemischtgeschlechtlichen oder stereotyp femininen (anstelle von maskulinen) Bildern, sowie Rekrutiererinnen
- Herausstellen, welche sozialen Aspekte eine Position hat, und vermehrt stereotyp femininer Wortwahl, da Frauen durch Sozialisationsprozesse Geschlechterstereotype in ihre Selbstwahrnehmung verinnerlichen (z. B. „sozial", „Kommunikation", „Team")
- Möglichst viele relevante Informationen aufführen und klare Unterscheidung von Kann- versus Musskriterien

5 **Vertrauen und Sicherheit im Team und in der Organisation herstellen**. Mitarbeitende sollten das Gefühl haben, dass ihre Ansichten wahrgenommen und wertgeschätzt werden und es eine offene Fehler- und Lernkultur gibt. Fragen Sie Mitarbeitende explizit nach ihren Einschätzungen und Karrierezielen (viele sprechen diese nicht von sich aus an). Gehen Sie nicht davon aus, dass eine weibliche Mitarbeiterin keine Karriere machen möchte, weil sie gerade ein Kind bekommen hat oder dass ein männlicher Mitarbeiter unbedingt eine Führungsposition anstrebt. Fragen Sie, wie Sie Mitarbeitende unterstützen können – ohne ihnen das Gefühl zu geben, dass sie etwas Bestimmtes hören möchten.

6 **Gemeinsame Zielsetzung und flexible Arbeitszeiten**. Wir tendieren dazu, Mitarbeitende besser zu bewerten, wenn sie viel Arbeitszeit investiert haben („*Effort Trap*"). Lange Arbeitszeiten sagen aber wenig über Leistung aus und insbesondere Frauen können aufgrund häufig stärkerer familiärer Verantwortung nicht

immer Präsenz zeigen. Etablieren sie eine flexible Arbeitszeitkultur ohne die Verpflichtung, ständig auch zu Hause erreichbar zu sein. Evaluieren Sie Leistung von Mitarbeitenden, indem Sie im Vorfeld gemeinsam herausfordernde, aber realistische Ziele setzen und schauen, ob die Ziele erreicht wurden.

Wussten Sie schon …

… dass die Metapher der „Gläsernen Decke" veraltet ist? Damit wollte man darauf aufmerksam machen, dass Frauen von „unsichtbaren", d. h. nicht auf ihren Qualifikationen oder Kompetenzen beruhenden Barrieren davon abgehalten werden, in Top-Führungspositionen aufzusteigen. Da es aber mittlerweile durchaus einige Frauen in solche Positionen schaffen, zugleich der Weg dorthin aber immer noch ungleich schwieriger und weniger geradlinig verläuft als der für Männer, spricht man heute eher von einem „Labyrinth der Führung".

WENN SIE MEHR WISSEN MÖCHTEN

Croft, A.; Schmader, T.; Block, K.: „An underexamined inequality: cultural and psychological barriers to men‘s engagement with communal roles“, in: *Personality and Social Psychology Review,* 19 (2019), S. 343–370 | **Hier wird diskutiert, warum Männer so selten in sozialen Feldern vertreten sind.**

Hentschel, T.; Horvath, L. K.: „Welche Karriere passt zu mir? Wie Selbststereotype Karriereentscheidungen beeinflussen können“, in: *In Mind,* 2/2019. http://de.in-mind.org/article/welche-karriere-passt-zu-mir-wie-selbststereotypisierung-karriereentscheidungen-beeinflussen | **Ein frei zugänglicher Online-Artikel, der detailliert auf verinnerlichte Stereotype für eigene Entscheidungen eingeht.**

Hentschel, T., Braun, S., Peus, C.: „Warum wird sie nicht Führungskraft? Geschlecht und Karriereentwicklung“, in: Kauffeld,

S.; Spurk, D. (Hg.): *Handbuch Laufbahnmanagement und Karriereplanung*, Heidelberg 2017, S. 1–31 | **Eine detaillierte Beschreibung von Einflussfaktoren auf die Karriereentwicklung von Männern und Frauen und weitere Lösungsansätze.**

Heilman, M. E.: „Gender stereotypes and workplace bias", in: *Research in Organizational Behavior,* 32 (2012), S. 113–135 | **Sehr gute Zusammenfassung über Forschung zu Geschlechterstereotypen und ihre Auswirkungen in Unternehmen.**

Heilman, M. E.; Caleo, S.: „Combatting gender discrimination: A lack of fit framework", in: *Group Processes & Intergroup Relations,* 21 (2018), S. 725–744 | **Eine detaillierte Beschreibung, welche Maßnahmen ergriffen werden können, um den Einfluss von Stereotypen in Unternehmen zu verringern.**

Peus, C.; Braun, S.; Hentschel, T.; & Frey, D.: *Personalauswahl in der Wissenschaft – Evidenzbasierte Methoden und Impulse für die Praxis*, Heidelberg 2015 | Mit einem Fokus auf Wissenschaft – und doch mit den meisten Kapiteln ohne weiteres übertragbar auf Unternehmen in der freien Wirtschaft – wird hier aufgezeigt anhand von **Praxistipps und Checklisten, wie Personalauswahl strukturiert und Geschlechterstereotype verringert werden können**.

PERSÖNLICHKEITEN

Über den wertschätzenden Umgang mit Verhaltensmustern

von Caroline Schwarz

Wertschätzung ist nicht für jeden das Gleiche. Sie kann je nach Neigung und Situation für manche eher in einer materiellen Belohnung bestehen, für andere in einer positiven Erwähnung, einer Beförderung oder auch in einem vorgezogenen Feierabend (siehe dazu S. 120). Wie wir gern wertgeschätzt werden, kann über solche Präferenzen hinaus aber auch durch bestimmte Kommunikationsstile geprägt sein. Diese geben uns Ecken und Kanten und sind gewissermaßen unser individueller Stil. Oft spricht man auch von Persönlichkeiten, Typen oder Verhaltensmustern. Der kauzige Typ aus der Finanzbuchhaltung ist so wie er ist, weil er nach gewissen Dingen strebt und die Welt auf eine bestimmte Art und Weise sehen will. Das gilt für uns alle: Wir haben unterschiedliche Motivatoren, die unser Handeln, unser Fühlen, unser Denken und unsere Glaubenssätze geprägt haben und aktuell prägen. Das macht uns besonders. Einige dieser Unterschiede in unseren Persönlichkeiten können jedoch auch dazu führen, dass wir einander schwer verstehen.

Schon die alten Griechen unterschieden vier grundlegende Arten von *Temperamenten*: melancholisch, phlegmatisch, sanguinisch und cholerisch. Diese sogenannte Vier-Säfte-Lehre, benannt nach den Körperflüssigkeiten, denen diese Temperamente entsprechen sollten: der schwarzen und der gelben Galle, dem Blut sowie dem Schleim, galt bis ins 18. Jahrhundert hinein und ist nach heutigen Maßstäben eher kurios. Aber auch heute verwenden viele Tests eine festgelegte Anzahl von Kategorien, um Persönlichkeiten bzw. Verhaltensmuster zu bestimmen. Dazu gehören unter anderem so unterschiedliche Klassifikationen wie *DISC*, der *Clifton Strengths-*

Finder, der *Myers-Briggs-Test*[13], *ComProfiles*, *die LIFO-Methode* oder psychologische Archetypen, wie zum Beispiel der Typ *Entdecker* oder *Narr*. Ob wir es nun mit 4, 8 oder 16 unterschiedlich Typen zu tun haben oder wie beim *StrengthsFinder* mit 34 möglichen Stärken – diese Zu- und Einordnungen können dabei helfen, zu erkennen, worauf unser Gegenüber vor allem Wert legt oder welche Präferenz vorliegt, wenn es um Wertschätzung geht.

Betrachten Sie die folgenden vier Kommunikationsmuster nicht als feste Rubriken, denen sich jeder Mensch eindeutig zuordnen lässt: Zum einen mögen wir es nicht, in Schubladen gesteckt und abgestempelt zu werden, und zum anderen gibt es oft Mischformen und situationsbedingte Muster in unserem Verhalten. Benutzen Sie diese Typen daher eher als mögliche Blickwinkel, die Sie anderen und sich selbst gegenüber einnehmen können, um in schwierigen oder eingefahrenen Situationen variabel, anpassungsfähig und verständnisvoll reagieren zu können. Besonders wichtig ist dies bei Stresssituationen, denn dann treten unsere Handlungsmuster am deutlichsten hervor.

Vier mögliche Verhaltensmuster

Typ A[14]

Menschen von diesem Typ liegt vor allem die Gemeinschaft und die Arbeitsatmosphäre im Team am Herzen. Das Gefühl von Zusammenhalt ist die wichtigste Quelle ihrer Leistung: Kontakte,

---

[13] Obwohl der *Myers-Briggs-Test* noch immer zu den beliebtesten Tests in der Arbeitswelt zählt, ist er wissenschaftlich nicht bestätigt worden. Er „wirkt“ nicht zuletzt aufgrund des *Barnum-Effektes* (siehe unten: „Wussten Sie schon…“). Die meisten besser abgesicherten Tests beruhen auf dem *Big-Five-* bzw. *Ocean-Modell*. Bei diesem Modell wird man nicht einfach bestimmten Kategorien zugeordnet, sondern die eigene Persönlichkeit wird *graduell* innerhalb dieser Kategorien bestimmt.

[14] Viele Modelle geben ihren Typen bestimmte Namen („der Antreiber“, „der Integrator“ etc.). Obwohl dies die Kategorien anschaulicher macht, wirken sie dadurch oft noch enger und kategorischer als sie sind. Wir möchten uns im Gegenteil vielmehr dafür aussprechen, die vier Typen nicht als starre Klassen, sondern als ein Spektrum zu betrachten, in dem Sie sich und andere eher der Tendenz nach verorten können.

gute Beziehungen und die Harmonie haben bei ihnen Priorität. Sie möchten, dass sich alle gut fühlen und setzen sich stark für das Wohl der Gruppe ein. Distanz zu anderen wiederum ist für sie schwer zu ertragen. Sie reagieren oft sehr sensibel auf Stimmungen und Sachverhalte. Wenn sich solche Mitarbeiter*innen nicht gesehen bzw. unverstanden fühlen, neigen sie häufig zu Dramatisierungen und sehen sich leicht als Opfer der Umstände. Auftretende Ängste und Probleme werden schnell als unlösbar betrachtet. Mitunter scheint es so, als würden sie es allen recht machen wollen, um ihrem Bedürfnis nach Zugehörigkeit und Bestätigung zu entsprechen.

Das können Sie tun: Mitarbeiter*innen vom Typ A helfen Sie am besten, indem Sie das Wir betonen, d. h. gemeinsame gute Beziehungen hervorheben bzw. ihre Bildung fördern: „*Wir* schaffen / *Wir* machen das gemeinsam." Fragen Sie mehr als bei anderen aktiv nach. Seien Sie besonders einfühlsam, sprechen Sie Gefühle an und versuchen Sie, wenn möglich stärker, eine persönliche Beziehung aufzubauen oder auf bestehende hinzuweisen. Verzichten Sie dabei auf Wendungen wie „Jetzt bitte mal ganz sachlich" / „Lassen wir mal die Gefühle aus dem Spiel!" / „Hören Sie auf, so dramatisch zu sein." Hier gilt auch wie generell im Umgang mit allen anderen Kolleg*innen: Benutzen Sie nie die Wendung: „Nehmen Sie es nicht persönlich!". Sie schreibt Ihrem Gegenüber von oben herab vor, bestimmte Dinge nicht fühlen zu dürfen. Dies kann im Fall von Menschen des Typs A besonders verletzend sein.

Typ B

Hier gilt: Das eine ist gut, das andere aber auch nicht zu verachten. Freiheit, Inspiration und Lust auf Neues sind das, was ihr Handeln bewegt. Die Dinge sollten vor allem neu und aufregend sein, damit sich Personen dieses Typs nicht langweilen, während Routine etwas ist, wogegen sie sich schon fast körperlich sperren. Sie stellen gern viel in Frage und wirbeln impulsiv und ideengeleitet alle Bausteine durcheinander, um neue Sichtweisen ins Spiel bringen zu können. Mitarbeitende von diesem Typ neigen dazu, sich nicht festzulegen, springen oft von einem Thema zum anderen und haben Schwierigkeiten, Deadlines einzuhalten. Vor allem bei Stress reagieren sie oft chaotisch oder trödeln, was beim Gegenüber zu Ungeduld führen kann.

Das können Sie tun: Lassen Sie sich in Stresssituationen nicht von der möglichen Hektik des Typ B anstecken. Bringen Sie stattdessen Entspanntheit zum Ausdruck. Verzichten Sie dabei aber darauf, zu sagen „wie es gemacht wird" und geben Sie keine strikten Regeln oder Prozesse vor. Bieten Sie vielmehr Entscheidungsmöglichkeiten oder suchen Sie gemeinsam danach, da das zentrale Bedürfnis dieses Verhaltensstils das nach Freiheit ist. Da es für solche Mitarbeiter*innen oft unangenehm ist, ein Projekt abzuschließen, kann es helfen, bereits beim Beenden aktueller Projekte die Neugier auf zukünftige zu wecken. Besonders interessant sind dabei ungewöhnliche Aufgaben oder solche, die noch niemand zuvor erledigt hat.

Typ C

Verhaltenstyp C besteht darauf, Regeln, Prozesse und Standards einzuhalten. Professionalität, Messbarkeit und Logik sind für ihn das Wichtigste. Er ist datenorientiert, pragmatisch, legt Wert darauf, sich in einem Fachgebiet gut auszukennen und geht sorgfältig und linear vor. Mitarbeitende vom Typ C achten zudem besonders auf Verantwortlichkeiten und etablierte Prozesse. In Stresssituationen versuchen sie verstärkt, gemäß bestehender Rahmenbedingungen und Parameter zu arbeiten, neue Herangehensweisen zu vermeiden und auf getrennte Verantwortlichkeiten hinzuweisen („Das ist nicht mein Bereich.").

Das können Sie tun: Personen vom Typ C hilft die Orientierung an Fakten, Daten und Zahlen. Versuchen Sie, möglichst sachlich, methodisch und auf der Basis einer klar definierten Position vorzugehen. Wichtig ist hier zunächst, in Erfahrung zu bringen, nach welchen Parametern sich diese Person richtet und wie sie die Verteilung der Verantwortlichkeiten sieht. Versuchen Sie, mögliche Veränderungen stets ausgehend von diesen Standards und mit einer klaren Struktur zu entwickeln. Ausnahmen sollten Sie dabei eher vermeiden ebenso wie Ungewissheit oder den Druck, zu viel entscheiden zu müssen.

Typ D

Menschen mit diesem Bedürfnismuster fordern sich und ihr Team oft aufs Äußerste. Sie sind besonders leistungs- und erfolgsorientiert. Sie lieben Herausforderungen und leiden weniger unter persönlicher Distanz als etwa Typ A. Sie wollen möglichst jeder Situation gewachsen und dabei gern auch der*die Beste sein. Dabei ist Unzufriedenheit ein beständiger Begleiter, da sie oft das Gefühl haben, man könne etwas noch besser oder erfolgreicher erledigen. Oft scheint es, als lasse Druck Personen vom Typ D erst richtig aufleben. In Stresssituationen zeigen sie aber nicht selten ein sehr dominantes Verhalten, indem sie z. B. die Ansichten anderer nicht berücksichtigen oder ihnen das Wort abschneiden.

Das können Sie tun: Versuchen Sie nicht, in einen Machtkampf mit Typ D zu geraten. Verhalten Sie sich allerdings entschlossen, selbstbewusst, lösungsorientiert und effizient. Seien Sie fokussiert und bringen Sie die Dinge auf den Punkt.

Und noch ein Hinweis

Eine Führungspersönlichkeit oder ein*e leistungsstarke Mitarbeiter*in kann sowohl dem einen als auch dem anderen Typ entsprechen. Diese Persönlichkeitsmuster sagen zunächst nichts über Kompetenz aus, sie helfen nur, bestimmte Präferenzen in der Kommunikation und somit zusätzliche Wertschätzungspotenziale zu ergründen. Die meisten Menschen haben zudem eine Kombination aus zwei Kommunikationsprofilen und diese Profile können im Privatleben ganz anders als im Berufsleben sein.

Wussten Sie schon ...

... dass wir dazu neigen, vage und sehr allgemeine Aussagen so zu interpretieren, als wären Sie speziell auf uns zugeschnitten? Diese Tendenz wird als *Barnum-Effekt* bezeichnet und erklärt z. B. unsere zustimmende Reaktion auf wissenschaftlich unseriöse Persönlichkeitstest oder auf Horoskope („Sie werden eine wichtige Erfahrung machen.").

In einem besonders schönen Experiment erhielten Student*innen die Auswertung eines angeblich individuellen Persönlichkeitstests. Tatsächlich aber bekamen alle, ohne dies zu wissen, genau dieselbe Auswertung, die nur unspezifische Aussagen enthielt. Dennoch bewerteten sie sie fast alle als sehr zutreffend auf ihre eigene Persönlichkeit.

WENN SIE MEHR WISSEN MÖCHTEN

Bördlein, Christoph: „Frühe Forschungen zum Barnum-Effekt", in: *Skeptiker. Zeitschrift für Wissenschaft und kritisches Denken*, 13 (2000), S. 44–45 | Hier finden Sie weitere Informationen zum **Barnum-Effekt**.

Krug, Siegbert Joachim; Kuhl, Ulrich: *Macht, Leistung, Freundschaft. Motive als Erfolgsfaktoren in Wirtschaft, Politik und Spitzensport*, Stuttgart 2006 | Dieses Buch hilft auf sehr differenzierte Weise dabei, Menschen hinsichtlich ihrer **Präferenzen für Leistung, Freundschaft und Macht** besser zu verstehen.

Little, Brian: *Mein Ich, die anderen und wir. Die Psychologie der Persönlichkeit und die Kunst des Wohlbefindens*, übers. v. Martina Wiese, Heidelberg 2015 | Ein **sehr aufschlussreiches Buch über Persönlichkeiten** von einem der größten Experten zum Thema.

Pyczak, Thomas: *Tell me! Wie Sie mit Storytelling überzeugen*, 2. erweiterte Auflage, Bonn 2018 | C. G. Jungs **Archetypen** („der Narr", „der Entdecker") mögen keine große wissenschaftliche Basis besitzen, aber sie eignen sich gut als Inspirationsgrundlage wie in diesem Buch.

Vickberg, Suzanne M.; Christfort, Johnson Kim: „Pioneers, Drivers, Integrators, and Guardians", in: *Harvard Business Review* März-April 2017, im Netz auf: hbr.org/2017/03/the-new-science-of-team-chemistry | Dieser Artikel schlägt eine **Einteilung von Arbeitsstilen** vor, die vor allem für die Zusammenstellung von Teams nützlich ist.

GELD ODER LOBEN?

Welche Wertschätzungsweisen uns am meisten motivieren

Was bringt uns morgens mit Schwung ins Büro? Was motiviert uns, auf der Arbeit unser Bestes zu geben? Obwohl die individuellen Gründe dafür recht vielfältig ausfallen können, gibt es auch Dinge, die uns alle bewegen. Dazu zählen das Gefühl, beständig Fortschritte zu machen (durch erledigte Aufgaben, beendete Projekte, persönliche Weiterentwicklung), das Bewusstsein, mit der eigenen Arbeit zu einem sinnvollen Ganzen beizutragen, sowie vor allem das Gefühl, wertgeschätzt zu werden.

Geld motiviert oft weniger, als man denkt

Doch welche Formen von Wertschätzung treiben uns am meisten an? Geld scheint es nur in begrenztem Ausmaß oder indirekt zu sein: Wie die Forschung zeigt, hat die Höhe des Gehalts im Schnitt nichts mit der Zufriedenheit am Arbeitsplatz zu tun.[15]

Ähnlich verhält es sich mit anderen äußeren Motivatoren, wie Beförderungen oder Boni. Solche *extrinsischen* Motive verlieren meist schnell ihre Bedeutung für uns: Die Gehaltserhöhung fühlt sich an wie etwas, das uns ohnehin zusteht, und an den neuen Titel gewöhnen wir uns schnell. Zudem können absehbare Belohnungen, wie etwa eine geplante Beförderung, sogar demotivieren, z. B. dann, wenn wir dadurch stärker mit Personen zusammenarbeiten müssen, die wir nicht mögen, oder auf der neuen Position unpopuläre Entscheidungen treffen müssen.

---

[15] Vielmehr scheint Geld eher eine Hygiene- statt eine Motivationsfunktion zu besitzen: Zwar muss man genug davon haben, um sich wohl zu fühlen (wie bei Sauberkeit), viel mehr davon erhöht aber kaum die Zufriedenheit.

Vergütung – Belohnung – Wertschätzung

Bei Vergütungen handelt es sich genau genommen nicht um Formen von Wertschätzung. Sie stellen erwartbare Gegenleistungen für unsere Arbeit dar. Ebenso sind Boni nur im weiteren Sinn als Wertschätzung zu verstehen, da sie Entsprechungen für Sonderleistungen von uns sind. Sowohl bei Vergütungen als auch bei Belohnungen werden also Leistungen abgegolten, wohingegen bei Wertschätzung ein Wohlwollen ausgedrückt wird. Denken Sie hier beispielsweise an eine Danke-Karte, die jemand auf Ihren Schreibtisch legt (S. 139). So erhöht Wertschätzung längerfristig unser Engagement, während Vergütungen nur kompensatorisch sind: Sobald wir sie erhalten haben, lässt ihre Wirkung nach. Die Danke-Karte hingegen motiviert mich morgen und auch nächste Woche noch.

Zwei Besonderheiten

Natürlich: Ganz so einfach sind die Dinge dann doch wieder nicht. (1) Bei uninteressanten, anspruchslosen Aufgaben erhöht sich mit der Bezahlung sehr wohl die Motivation, wohingegen bei interessanten bzw. herausfordernden Aufgaben Wertschätzung stärker motiviert. (2) Extrinsische Belohnungen können mit intrinsischen verknüpft sein: So kann etwa Geld, je nach persönlicher Neigung oder Herkunft, unterschiedlich stark mit Bedürfnissen nach Macht, Status, Freiheit oder Sicherheit verbunden sein und deshalb an Bedeutung für uns gewinnen. In diesem Fall übernimmt Geld eine Brückenfunktion.

Wertschätzung heute

In jüngster Zeit hat sich Mitarbeitermotivation zunehmend auf eine persönliche, informelle Ebene verschoben und findet häufiger spontan in konkreten Situationen statt. Dies hängt mit drei Veränderungen zusammen: mit einer stärkeren Berücksichtigung psychologischer Erkenntnisse am Arbeitsplatz; mit einem neuen Verständnis von Management und Führung (S. 23 f.); und mit den gewachsenen Ansprüchen an unsere Arbeitsweise (Stichwort *menschzentrierte Arbeit*). Von dieser Verschiebung profitieren wir alle – nicht zuletzt jene Unternehmen, in denen klassische Belohnungen wie Gehaltserhöhungen oder Aufstiege nicht oder nur eingeschränkt möglich sind.

DAS KÖNNEN SIE TUN

1 Alle Arten von Wertschätzung verbindet, dass man Menschen das Gefühl gibt, mit Wohlwollen und Aufmerksamkeit gesehen zu werden. Man kann dabei drei Formen unterscheiden, von denen nur die ersten beiden im engeren Sinne wertschätzend sind. **Nutzen Sie die folgende Liste**, um die Varianten zu finden, die Ihnen am meisten liegen, und um ein wenig damit zu experimentieren. Weitere Tipps zu fast allen von diesen Wertschätzungsweisen finden Sie in den übrigen Kapiteln dieses Buchs.

informell und persönlich

- einen anerkennenden Brief oder eine Email schreiben
- gemeinsam etwas unternehmen
- (ungefragt) Hilfe leisten
- kleine Geschenke machen
- Anerkennung aussprechen (=Loben)
- Miteinbeziehen der Perspektive der Mitarbeiter*innen
- Ausdruck von Dankbarkeit
- aktives Zuhören
- Ansprechbarkeit und Erreichbarkeit
- Vertrauen entgegenbringen (durch Übertragung von Verantwortung, Ermöglichung von mehr Selbstbestimmung oder die Herstellung von größerer Transparenz)
- Erfolge und bestandene Herausforderungen feiern
- den Rücken stärken (z. B. durch Beistand gegenüber Kund*innen, Führungskräften, anderen Abteilungen, aber auch gegenüber den eigenen Sorgen und Nöten)
- Interesse zeigen (z. B. am Arbeitsplatz vorbeischauen und sich erkundigen, wie es läuft; sich die Aufgaben, Stärken, Ambitionen,

Erfolge und Interessen von Mitarbeitern merken; im Feedbackgespräch aktiv nach Interessen, Bedürfnissen und Perspektiven fragen)
- zum Geburtstag gratulieren
- Krankenbesuche abstatten oder anrufen
- pünktlich sein

informell und öffentlich

- positive Erwähnung im Newsletter oder einer Rundmail
- Hervorhebung der Leistung einzelner oder des Teams im Meeting
- Kudos-Board

Belohnungen (nur im weiteren Sinne wertschätzend)

- Beförderung
- Titel und Ernennungen
- Gehaltserhöhung
- Boni
- Ausflüge
- früherer Feierabend
- Auszeichnungen und Preise
- besondere Weiterbildungen oder Kongressbesuche
- Jubiläen auf Betriebsfeiern
- Unterstützung von individuellen Initiativen
- Verschaffung zusätzlicher Ressourcen[16]

2 Variieren Sie, wie und wofür Sie Ihre Anerkennung ausdrücken. Dieses Vorgehen bringt drei Vorteile mit sich: *Erstens* motivieren positive Erlebnisse stärker, wenn sie unerwartet sind. Erinnern Sie sich etwa einmal, welche Geschenke Sie in Ihrem Leben am meisten beglückt haben – das dürften in der Regel die überraschendsten gewesen sein. *Zweitens* können Sie durch Va-

[16] Darüber hinaus gibt es noch *Annehmlichkeiten*, wie den Obstkorb im Pausenraum, Sofas im Büro, Kickertische, die Möglichkeit, ein Haustier mitzubringen etc., die auch einen gewissen, wenngleich unspezifischen Effekt von Wertschätzung darstellen.

riation besser die individuellen Wertschätzungsbedürfnisse Ihrer Kolleg*innen ermitteln (siehe Tipp 6). Und *drittens* verringern Sie durch Abwechslung die Wahrscheinlichkeit, dass bestimmte informelle Formen von Anerkennung unter der Hand zu formalen werden und die Mitarbeiter das Gefühl entwickeln, ein Anrecht darauf zu haben. Wenn Sie etwa Ihren Mitarbeiter*innen stets zusätzliche Hilfe zukommen lassen (ohne einmal nein zu sagen) oder immer für dieselbe Leistung loben, dann werden diese darauf zunächst mit Gewöhnung und später mit Enttäuschung reagieren, wenn dieser Ausdruck von Wertschätzung einmal ausbleibt.

3 **Am meisten motivieren eine Gehaltserhöhung oder ein Bonus dann, wenn** sie nicht nur als bloße Vergütung bzw. Belohnung präsentiert werden („Du hast die Ziele gemäß den vereinbarten Kennzahlen erreicht und um 10 % übererfüllt. Dafür steht dir ein Bonus von … zu."), sondern eingebettet sind in Formen der Wertschätzung, die über eine bloße Beurteilung hinausgehen. Das heißt konkret: Die Wertschätzung besteht dann vor allem darin, auch die menschlichen, nicht quantifizierbaren Arbeitsanteile hervorzuheben, wie etwa individuelle, unauffällige Leistungen, persönliche Anstrengungen, bestandene Herausforderungen, die Erreichung von persönlichen Zielen, die Erinnerung an besonders schwere, erfolgreich überstandene Arbeitsabschnitte oder die Unterstreichung der guten Zusammenarbeit.

4 **Verzichten Sie auf formalisierte Formen von Wertschätzung**, wie zum Beispiel die Auszeichnung zum*r Mitarbeiter*in des Monats. Wenn einer solchen Kategorie keine bestimmbaren Leistungen (mehr) entsprechen, sondern „jeder einmal an die Reihe kommt", dann fehlt ihr schnell die motivierende Kraft und sie wird zur leeren Geste.

5 Überlegen Sie einmal, ob hinter dem Wunsch nach besserer Bezahlung, bei Ihnen selbst oder bei Ihren Mitarbeiter*innen, sich nicht das **Bedürfnis nach größerer Wertschätzung versteckt**. Denken Sie an einen Satz wie: „Was ich verdiene, ist das eine, was auf meinem Gehaltszettel steht, das andere." Oft verwandeln wir unbewusst unseren Wunsch nach mehr Anerkennung, dessen Er-

füllung sich nicht direkt oder vertraglich einfordern lässt, in ein Anrecht, das sich einfordern lässt, wie eben auf das nach besserer Bezahlung. Ein Nachteil davon ist, dass wir auch dann, wenn wir diese Vergütung tatsächlich erhalten würden, weiterhin unzufrieden wären, weil die eigentliche Ursache unserer Unzufriedenheit nicht beseitigt worden ist: mangelnde Wertschätzung.

6 Entwickeln Sie ein Bewusstsein dafür, welche Formen informeller Anerkennung Ihre Kolleg*innen sich am meisten wünschen. Eine Unterscheidung, die Ihnen bei dieser Sensibilisierung helfen kann, geht zurück auf Gary Chapman. Demnach können Menschen im beruflichen Kontext **folgende konkrete Gesten der Wertschätzung** bevorzugen:

A anerkennende Worte (Dank, Lob),
B gemeinsam verbrachte Zeit (beim Sport, Essen oder in anderen Pausen),
C kleine Geschenke (Mitbringsel, Naschwerk)
D Unterstützung (eine Schicht oder Aufgaben im Krankheitsfall übernehmen, in Stresssituationen aushelfen).

Gehen Sie mit dem Wissen dieser Wertschätzungsgesten doch einmal durch Ihren Arbeitsalltag und überlegen, zu welchen Kolleg*innen gerade was passen würde. Zusätzlich können Sie sich natürlich auch aktiv nach den jeweiligen Wünschen erkundigen.

Wussten Sie schon …

In der Serie *Mad Men*, die im Werbemilieu der sechziger Jahre spielt, kommt es in der Folge „The Suitcase" zu einem sehr bezeichnenden Streit, der sich um Wertschätzung dreht. Auf seinem Höhepunkt wirft Peggy, die an ihrem Geburtstag Überstunden macht und deren Beiträge kaum gewürdigt werden, ihrem Chef in ehrlicher Verzweiflung vor:

„Du sagst niemals Danke zu mir."

Und ihr Chef schreit wütend zurück:

„Dafür bekommst du doch Geld!"

Woraufhin Peggy weinend zusammenbricht.

Diese Szene veranschaulich gut, welches Missverständnis oft gegenüber Wertschätzung besteht: Sie ist nicht durch Vergütung zu ersetzen.

WENN SIE MEHR WISSEN MÖCHTEN

Ariely, Dan: *Payoff. The Hidden Logic That Shapes Our Motivations*, New York 2016 | Ein unterhaltsamer Überblick über **verschiedene Weisen, motiviert zu werden**, von denen viele mit Anerkennung zu tun haben.

Branham, Leigh: *The 7 Hidden Reasons Employees Leave. How to Recognize the Subtle Signs and Act before It's too late*, New York 2005 | Hier wird gezeigt, dass die weitaus meisten **Kündigungen nichts mit Geld** zu tun haben.

Chamorro-Premuzic, Tomas: „Does Money Really Affect Motivation? A Review of the Research", in: *Harvard Business Review* April 2013 | Eine kompakte **Zusammenfassung zum Bedingungsverhältnis von Geld und Motivation** mit vielen Literaturhinweisen.

Chapman, Gary; White, Paul: *Die fünf Sprachen der Mitarbeitermotivation*, übers. v. Wolfgang Günter, Marburg 2011 | In diesem Buch wendet Gary Chapman seine berühmte These von den **Fünf Sprachen der Liebe** auf den Arbeitskontext an.

Judge, Timothy A. u.a.: „The relationship between pay and job satisfaction: A meta-analysis of the literature", in: *Journal of Vocational Behavior*, 77 (2010), S. 157–167 | Diese Metastudie zeigt, **wie wenig unsere Zufriedenheit auf der Arbeit abhängt von der Bezahlung**.

Luthans, Fred; Stajkovic, Alexander D.: „Provide Recognition for Performence Improvement“, in: Locke, Edwin, A. (Hg.): *Handbook of Principles of Organizational Behavior*, Chichester 2009, S. 239–253 | Hier erfahren Sie mehr **zur optimalen Kombination aus Feedback, finanziellen Belohnungen und Wertschätzung**.

Mickel, Amy E.; Mitchell, Terence A.: „The Meaning of Money. An Individual-Difference Perspective“, in: *Academy of Management Review* 24 (1999), S. 568–578 | Dieser Artikel gibt Hinweise darauf, **wie unterschiedlich wir Geld und Gehalt mit persönlichen Interessen verbinden**.

Nelson, Bob: *1001 Ideen, Mitarbeiter zu belohnen und motivieren: … denn Geld allein macht nicht glücklich*, München 2011 | Dies ist eins der **Standardwerke zum Thema Wertschätzung und Belohnung** im Arbeitskontext und enthält viele konkrete Tipps aus der Praxis von Unternehmen, formell wie informell.

DENKFEHLER

Welche Denkfehler unsere Wertschätzung beeinträchtigen

Eine wichtige Entdeckung der Psychologie sind die kognitiven Verzerrungen (englisch: *cognitive bias*). Sie können sich diese als Denkfehler vorstellen, die uns hauptsächlich unbewusst unterlaufen. Ein Klassiker unter ihnen ist der Verfügbarkeitsfehler (*availability bias*[17]): Was uns schneller einfällt, z. B. weil wir viel davon hören, darüber lesen oder weil erst kürzlich davon die Rede war, das halten wir für wahrscheinlicher. So glauben wir, dass die Gefahr für einen Flugzeugabsturz größer ist, als der Wirklichkeit entspricht, weil in den Medien viel darüber berichtet wird. Das Gleiche gilt für das Risiko von Erkrankungen, Terroranschlägen, Haiattacken oder Lebensmittelskandalen. Um einen Denkfehler handelt es hier sich deshalb, weil wir durch ihn bestimmte Risiken falsch einschätzen: Flugzeuge sind das sicherste Verkehrsmittel und Haiattacken äußerst selten. Jeder Denkfehler – es gibt mehr als 200 davon – funktioniert nach eigenen Regeln und hat andere Effekte. Einige von Ihnen beeinflussen nachhaltig unseren Arbeitsalltag. Die folgenden sechs sind besonders wichtig für unsere Wertschätzungskompetenz.

Der erste Schritt, diese Denkfehler zu verringern, liegt darin, sie zu kennen und zugleich zu akzeptieren, dass wir alle ihnen unterliegen. Bereits dieses Bewusstsein kann unsere Arbeitsweise entscheidend verbessern. Konkretere Tipps finden Sie jeweils unter den Beschreibungen der Denkfehler.

[17] Weil Sie die Denkfehler in der Literatur meist unter ihren originalen englischen Fachausdrücken finden, haben wir diese hier mit angegeben.

Der Kontrasteffekt (Contrast Bias)

Der Kontrasteffekt tritt bei Vergleichen auf, z. B. zwischen Arbeitsleistungen. Wenn Sie etwa eine gute Mitarbeiterin mit einer anderen vergleichen, deren Leistungen ganz hervorragend sind, dann besteht die Gefahr, dass Sie die gute Kollegin *schlechter* bewerten, als sie tatsächlich ist: Die Relation beeinflusst ihre absolute Bewertung. Wenn Sie die gute Mitarbeiterin jedoch mit einer äußerst leistungsschwachen Kollegin vergleichen, dann wird sie Ihnen tendenziell *besser* erscheinen, als sie objektiv ist. – Je nach Vergleich kann der Kontrasteffekt bewirken, dass gute Mitarbeiter*innen zu wenig Wertschätzung oder Aufmerksamkeit erhalten. Eine Variante des Kontrasteffektes ist der *Golden-Boy-* bzw. *Golden-Girl-Effekt*: Eine Mitarbeiterin ist so gut, dass das Team oder die Führungskraft ihre Wertschätzung unverhältnismäßig auf das *Golden Girl* konzentriert und alle anderen Mitarbeitenden dabei vernachlässigt.

Das können Sie tun: *Erstens.* Wenn Sie Mitarbeitende bewerten, versuchen Sie, deren Leistung nicht (direkt) mit denen anderer zu vergleichen. Führen Sie sich stattdessen vor Augen, wie die Person selbst in der Vergangenheit gearbeitet hat, ob sie sich verbessern konnte oder in welchem Verhältnis ihre Arbeit zu ihren Potenzialen steht. Dies reduziert den Kontrast-Effekt und fördert außerdem ein Growth Mindset (S. 33 ff.) bei der betreffenden Person. *Zweitens.* Fragen Sie sich kritisch, ob Sie einen *Golden Boy* oder ein *Golden Girl* im Team haben, dem Sie oder andere besonders viel Aufmerksamkeit schenken. Schreiben Sie alle Namen Ihres Teams auf und streichen Sie dann den Namen der besonders guten Mitarbeiter*innen durch. Konzentrieren Sie sich bewusst auf die anderen und deren individuelle Leistungen. Sollte Ihnen dabei etwas Wertschätzendes einfallen, dann können Sie es gleich im Logbuch notieren. Wiederholen Sie diese Übung regelmäßig.

Selbstüberschätzung (Overconfidence bias)

Die Überzeugung, mehr zu können oder mehr zu wissen als der Wirklichkeit entspricht, ist ein weit verbreiteter Denkfehler. So glauben über 90 Prozent der Autofahrer*innen, besser fahren zu können als der Durchschnitt. Die meisten Schüler*innen geben an, dass sie später überdurchschnittlich viel verdienen werden.[18] Im Arbeitskontext unterliegen eher Führungskräfte diesem Denkfehler als ihre Mitarbeitenden und Männer erheblich stärker als Frauen. In Bezug auf Wertschätzung spielt vor allem die *Feedback-Lücke* eine Rolle: Führungskräfte schätzen ihre Feedbackkompetenz oft erheblich höher ein als ihre Mitarbeiter*innen. Dadurch bleiben viele Möglichkeiten zur Leistungssteigerung und Motivation ungenutzt.

Das können Sie tun: Fragen Sie als Führungskraft regelmäßig aktiv nach, ob Ihre Mitarbeiter*innen ausreichend Feedback erhalten und lassen Sie die Qualität Ihres Feedbacks bewerten. Das Einfordern eines solchen Feedbacks zur eigenen Person bedarf zwar eines gewissen Muts, führt aber, neben wichtigen Einsichten zu Verbesserungsmöglichkeiten, auch zu größerem Respekt aufseiten der Befragten. Achten Sie dabei auch darauf, um welche Art von Feedback es Ihren Mitarbeiter*innen geht: Brauchen sie eher Wertschätzung („Ich möchte mich gesehen fühlen"), Bewertung („Ich möchte wissen, wo ich mit meinen Leistungen stehe") oder eher Coaching („Ich möchte mich weiterentwickeln").

Der Distanzeffekt (Distance Bias)

Ereignisse, die uns zeitlich und räumlich näher sind, nehmen wir als bedeutsamer wahr als entferntere. Das heißt: Was gestern geschehen ist, beeinflusst uns mehr als das, was vor zwei Monaten geschehen ist, auch wenn es sich objektiv um gleichwertige Ereignisse handelt. Dies kann dazu führen, dass wir jemanden, der das ganze Jahr über hervorragende Leistungen erbracht hat, aber in der letzten Woche einen Durchhänger hatte, schlechter bewerten, als die Person es eigentlich verdient. Der jüngste Eindruck verzerrt den allgemeinen.

---

[18] Tatsächlich haben in den letzten zwei Jahrzehnten Narzissmus und Selbstüberschätzung insbesondere in der westlichen Welt erheblich zugenommen und dadurch unsere natürliche Tendenz zur Selbstüberschätzung weiter verstärkt.

Das können Sie tun: *Erstens.* Zeigen Sie Ihre Wertschätzung so zeitnah wie möglich: direkt nach der Präsentation, im Anschluss an ein Meeting oder unmittelbar nachdem ein Projekt abgeschlossen wurde. Dies stellt sicher, dass Sie Ihre Wertschätzung nicht vergessen bzw. die Erinnerung daran verblasst und fördert überdies die Glaubwürdigkeit Ihres Feedbacks. *Zweitens.* Nutzen Sie das Logbuch im zweiten Teil dieses Buches. Mit seiner Hilfe halten Sie Schätzenswertes fest und können die Erinnerung daran jederzeit wiederauffrischen. *Drittens.* Erhöhen Sie die Frequenz Ihrer Feedbackgespräche. Vierteljährliche Termine für umfassendere Gespräche und zusätzliche kurze Einzelgespräche (englisch: *1-on-1s*) werden zunehmend zum Standard in der neuen Arbeitswelt, zumal in Bereichen, die ein hohes Maß an Kooperation und Innovation erfordern.

Der Zuschreibungsfehler (Fundamental Attribution Error)

Dieser Denkfehler ist in der Arbeitspraxis einer der schwerwiegendsten. Auch er tritt vor allem dann auf, wenn wir Leistungen bewerten. Es ist sehr wahrscheinlich, dass Sie ihm in der einen oder anderen Form bereits begegnet sind. Er bedingt, dass wir Fehler, die anderen unterlaufen, tendenziell auf deren mangelnde Fähigkeiten zurückführen: „Sie ist eine schlechte Tennisspielerin." / „Er ist ein schlechter Programmierer." Unsere eigenen Fehler hingegen führen wir eher auf die Umstände zurück: „Es lag am Schläger." / „Ich wurde nicht ausreichend unterstützt." Bei positiven Leistungen kann sich dieser Denkfehler ebenfalls zeigen, wobei er sich umkehrt: Wenn andere Personen gute Leistungen erbracht haben, erklären wir das schnell mit Umständen, die dafür günstig waren: „Sie hatte einfach Glück." / „Er hatte eine Menge Unterstützung." Unsere eigenen Erfolge hingegen führen wir auf Handlungen und Eigenschaften von uns selbst zurück: „Ich bin eben sehr talentiert." / „Ich habe halt sehr hart dafür gearbeitet."[19] – Um richtig wert-

[19] In den westlichen Kulturen mit ihrem Fokus auf das Individuum und dem Kult um das Individualgenie ist der Zuschreibungsfehler übrigens stärker ausgeprägt als in eher kollektivistischen Kulturen wie vielen asiatischen.

zuschätzen, ist eine Vermeidung des Zuschreibungsfehlers zentral. So wurde gezeigt, dass CEOs, die Firmen-Erfolge nicht (vorrangig) als eigenes Verdienst betrachten, sondern bescheiden auf günstige Umstände oder gute Leistungen der Mitarbeitenden verweisen, und die zudem für Misserfolge die Verantwortung selbst übernehmen, langfristig erfolgreichere Firmen leiten als CEOs, die Erfolge für sich reklamieren und Misserfolge auf ungünstige Umstände oder die Belegschaft schieben.

Das können Sie tun: Holen Sie sich vor Feedbackgesprächen die Perspektive anderer Mitarbeiter*innen auf die betreffende Person ein, z. B. in anderen Gesprächen oder durch *360°-Feedback.*[20] Fragen Sie während des Feedbackgespräches die Perspektive der Person auf sich selbst ab, etwa durch aktives Zuhören (S. 85–91). Versuchen Sie durch gezielte Fragen herauszufinden, welche inneren oder äußeren Barrieren bestehen: „Was hat eine bessere Leistung erschwert?" / „Was hätte dir geholfen, eine bessere Leistung zu erzielen?" / „Wo bestehen Kommunikationsengpässe?" Oft genug erhalten Sie dadurch zudem wichtige Hinweise auf konkrete Verbesserungsmöglichkeiten in Ihrem Team. Wenn Sie bemerken, dass jemand eine gute Leistung ausschließlich für sich selbst reklamiert, fragen Sie wertungsfrei nach, welchen Beitrag das Umfeld bzw. die Kolleg*innen zum Erfolg beigetragen haben. Eine zugleich wertschätzende und aufschlussreiche Einstiegsfrage dafür könnte lauten: „Wie hast du das gemacht?" Überlegen Sie darüber hinaus auch regelmäßig ganz bewusst, welchen Anteil an Ihrem eigenen Erfolg sich auf die Unterstützung Ihrer Mitarbeitenden zurückführen lässt.

Der Ähnlichkeitsfehler (Similarity Bias)

Menschen, die uns ähnlich sind, bewerten wir tendenziell positiver als solche, bei denen wir keine oder nur wenige Ähnlichkeiten mit uns entdecken: Wir mögen einfach, wer so ist wie wir. Solche

[20] Bei 360°-Feedback handelt es sich um eine umfassende Einschätzung von Mitarbeitern aus dem Blickwinkel von Kolleg*innen, Vorgesetzten, Mitarbeitenden und Kund*innen.

Ähnlichkeiten können das Geschlecht, die Herkunft, eine Fußballmannschaft, unsere Hobbies, den Beziehungsstatus und vieles mehr betreffen, auch sehr kleine, unscheinbare Dinge. Auf dieser Basis können leicht unbewusste Vorzugsbeziehungen entstehen. Mögliche Kritik an diesen Mitarbeiter*innen wird eher vermieden oder abgeschwächt.

Das können Sie tun: Suchen Sie bewusst nach Ähnlichkeiten bei Mitarbeiter*innen, mit denen Sie anscheinend nichts oder nicht viel verbindet und schreiben Sie diese auf. Rufen Sie sich insbesondere bei der Vorbereitung auf wichtige Feedbackgespräche diese Gemeinsamkeiten ins Gedächtnis. Versuchen Sie auch, Personen, denen Sie keine großen Sympathien entgegenbringen, in möglichst unterschiedlichen Kontexten zu begegnen. Oftmals entdecken Sie dadurch neue, schätzenswerte Eigenschaften, die Ihnen unten den gewohnten Umständen verborgen geblieben wären.

Der Pygmalion-Effekt

Allein unsere Erwartungen, die wir anderen gegenüber haben, können deren Leistungen beeinflussen, auch wenn wir dies nicht wollen. Wen wir z. B. für leistungsschwach halten, dem bringen wir weniger Aufmerksamkeit entgegen, reagieren später auf Anfragen, interpretieren mehrdeutige Situationen eher negativ oder teilen seltener unsere Wertschätzung mit. All dies kann völlig unbewusst geschehen. Die Ironie daran: Dieses benachteiligende Verhalten bewirkt, dass die betreffende Person tatsächlich schlechter arbeitet – wodurch wir uns in unserem ursprünglichen Urteil bestätigt sehen. Ein Teufelskreis. Insbesondere für Lehrer*innen ist die Berücksichtigung des Pygmalion-Effekts zentral (und im Schulalltag eine große Herausforderung).

Das können Sie tun: Nutzen Sie die positive Seite des Pygmalion-Effekts! Betrachten Sie grundsätzlich Ihre Mitarbeiter*innen als entwicklungsfähig und kommunizieren Sie diese Sichtweise. Wenn Sie bemerken, dass Sie bestimmte Mitarbeitende innerlich abzuschreiben beginnen, versuchen Sie sich auf deren Stärken,

Potenziale und Erfolge zu konzentrieren. Drücken Sie ihnen Anerkennung aus für Dinge, die Sie an ihnen schätzen, statt sie zu ignorieren oder sich ausschließlich auf ihre Fehler zu konzentrieren. Denken Sie daran: Wertschätzung sollte nicht vor allem eine Folge von gewünschtem Verhalten sein, sondern in einer wohlwollenden Aufmerksamkeit für andere bestehen. Schon sie allein kann bewirken, dass Menschen besser arbeiten.

Wussten Sie schon …

… dass Menschen in der Regel überschätzen, wie gut sie ihre Denkfehler kontrollieren können? So gab die Mehrzahl der Befragten einer Studie zunächst an, dass das Wissen um das Geschlecht der Bewerber*innen den Bewerbungsprozess ungerechtfertigt beeinflussen könne. Im Anschluss legte man den Befragten anonymisierte Bewerbungen vor, über die sie entscheiden sollten. Zusätzlich gab man Ihnen die Möglichkeit, sich nach dem Geschlecht der Bewerber*innen zu erkundigen. Entgegen ihrer eigenen Einschätzung, dass dies den Prozess verzerren könne, nutzten 87 % der Teilnehmenden diese Möglichkeit: Sie hielten sich selbst offenbar für immun.

WENN SIE MEHR WISSEN MÖCHTEN

Collins, Jim: *Good to Great*, New York, 2001 | **Eine Untersuchung langfristig erfolgreicher Firmen und ihrer Unterschiede zu weniger erfolgreichen Firmen.** Besonders interessant ist das Kapitel *Level 5 Leaders*, in dem die Rolle der Persönlichkeit von CEOs untersucht wird: Bescheidene CEOs bauen langfristig die besseren Firmen auf.

Dobelli, Rolf: *Die Kunst des klaren Denkens. 52 Denkfehler, die Sie besser anderen überlassen*, München 2011 | Eine kompakte, unterhaltsame und sehr **aufschlussreiche Darstellung kognitiver Verzerrungen**.

Eurich, Tasha: *Insight. Why We're Not as Self-Aware as We Think, and How Seeing Ourselves Clearly Helps Us Succeed at Work and Life*, New York 2017 | In diesem überaus empfehlenswerten Buch finden Sie viele Hinweise zu **Selbstüberschätzung und Narzissmus sowie viele Tipps**, in der Praxis damit umzugehen.

Heath, Chip; Heath, Dan: *Switch. How to Change Things When Change is Hard*, New York 2011, und von denselben Autoren: *Decisive. How to Make Better Decisions*, New York 2013 | Hier finden Sie viele **Hinweise zu Denkfehlern** und ihrer Vermeidung.

Institut für Konfliktmanagement und Führungskommunikation: „Aktuelle Ergebnisse zur Feedback-Kommunikation von Vorgesetzten", auf: https://ikuf.de/de/infos/ergebnisse-umfrage-ikuf/ergebnisse-umfrage-2012-ikuf/ergebnisse-umfrage-02-2013_ikuf | Hier finden Sie Hinweise zu verschiedenen Studien über die **Feedback-Lücke**.

Kahneman, Daniel: *Schnelles Denken, langsames Denken*, München 2012 | Das Buch bietet einen guten Einstieg in die **Psychologie der Biases**, und hilft, bessere Entscheidungen zu treffen und erfolgreicher zusammenzuarbeiten.

Wilson, Timothy D.; Brekke, Nancy: „Mental contamination and mental correction: Unwanted influences on judgments and evaluations", in: *Psychological Bulletin* 116 (1994), S. 117–142. | Eine detaillierte **Übersicht zu Denk- und Beurteilungsfehlern**, ihren **Ursachen** und **Möglichkeiten** ihrer Vermeidung.

TIPPS ZUR KONKRETEN UMSETZUNG

Über die richtigen Worte zur richtigen Zeit

Wertschätzung ist auch ein Lernprozess. Dazu gehört, Vorurteile, Unsicherheiten und Befürchtungen abzubauen und die eigene Praxis durch Übung und Erfahrung zu verbessern. Mit ein paar Tipps und Grundregeln wird dies viel leichter. Im Folgenden finden Sie konkrete Vorschläge, wie und wann Sie Wertschätzung ausdrücken können und welche Kanäle Ihnen hierbei zur Verfügung stehen. Denken Sie daran: Es ist nicht nur die Aufgabe von Vorgesetzten, sondern aller Mitarbeitenden, wertschätzend zu sein. Unsere Anregungen richten sich daher nicht speziell an Führungskräfte, sondern sind Instrumente für alle die, die sich am Aufbau einer Wertschätzungskultur beteiligen oder diese weiter verbessern möchten.

> Probieren Sie die folgenden Tipps einfach einmal aus. Und zwar in kleinen Schritten. Es gibt nichts zu verlieren.

DAS KÖNNEN SIE TUN

1 Einige Hinweise zum Loben

Loben fällt vielen von uns schwer. Oft folgen wir daher dem Grundsatz *Nicht gemotzt, ist halb gelobt.* Für die Motivation am Arbeitsplatz ist das fatal. Ein solches Fehlen der Bereitschaft, seine Anerkennung auszudrücken, zeigt sich in Sätzen wie: „Aber Du weißt doch, dass ich deine Arbeit schätze!" / „Natürlich finde ich gut, was Du machst, das muss ich doch nicht jedes Mal sagen!" /

„Wenn ich dir jedes Mal sagen würde, was Du alles gut machst, würde ich ja gar nicht mehr zu meiner Arbeit kommen.“ – Loben ist aber ein wichtiger Teil der Wertschätzungskultur. Es kann durch die bloße Abwesenheit von Kritik nicht ersetzt werden. Doch wie genau müssen wir vorgehen, was müssen wir beachten, um so zu loben, dass es richtig ankommt? Die Forschung zeigt: Lob motiviert vor allem dann, wenn drei Bedingungen erfüllt sind: Ihm liegen realistische Standards zugrunde, die Absichten der lobenden Person sind transparent und Kompetenz und Selbstwirksamkeit der Gelobten werden hervorgehoben.

Wenn Sie mit Ihrem Lob einen Teilbereich betonen, z. B. durch: „Mit dieser Aufgabe / unter diesen Bedingungen kommst Du super klar“, dann kann das dem Selbstwirksamkeitskonzept der gelobten Person entgegenlaufen: Bei ihr kann der Eindruck entstehen, nicht sie selbst, sondern günstige Umstände seien verantwortlich für die guten Leistungen. Oder Sie betonen unfreiwillig, dass sie mit anderen Aufgaben nicht zurechtkommt. – Versuchen Sie hier, genauer auf die spezifischen Handlungen und Kompetenzen hinzuweisen, die diesen Erfolg in einem Teilbereich ermöglichen („Du sprichst die Dinge klar und direkt an.“ / „Du versetzt dich sehr gut in die Bedürfnisse deiner Gegenüber hinein.“): So lassen sich diese verstärken und einfacher auf andere Bereiche übertragen. Das Lob wird nicht als Einschränkung der eigenen Fähigkeiten wahrgenommen, sondern als ein besonders erfolgreicher Anwendungsfall.

Ein Lob, das sich auf die gute Vorbereitung einer Präsentation bezieht, kann deshalb gewollt oder künstlich wirken, weil es sich dabei normalerweise um eine Selbstverständlichkeit handelt. Hier erreichen Sie u. U. einen gegenteiligen Effekt, da sich der Empfänger fragt, ob es denn sonst nichts Positives zu bemerken gebe oder an welchen schätzenswerten Dingen sich die gute Vorbereitung konkret gezeigt habe. Seien Sie hier spezifischer („Du hast die Zahlen gründlich recherchiert und verständlich aufbereitet.“ / „Super, dass du zwei Backup-Folien hattest. Als hättest du gewusst, dass diese Nachfrage kommt!“)

Beachten Sie den Unterschied zwischen Kompliment und Lob. Der freundliche Hinweis auf einen neuen Haarschnitt, hübsche Schuhe oder ein freundliches Lächeln soll vor allem Nähe schaffen und Beziehungen stärken. Es bezieht sich in der Regel nicht auf gute Leistungen, die die Person erbracht hat. Dagegen ist grundsätzlich nichts einzuwenden, zumal zu einem guten Kompliment eine gewisse (wertschätzende) Aufmerksamkeit für die andere Person gehört. Ein Lob wiederum soll vor allem würdigen und positiv verstärken, indem es bestimmte Handlungen hervorhebt. Es bedeutet „Gut gemacht!" und ist direkt auf Arbeits*leistungen* bezogen.

Achten Sie darauf, dass Sie ihr Lob nicht vergiften, indem sie es indirekt mit niedrigen Erwartungen verknüpfen oder es auf vorheriges Fehlverhalten beziehen. Verzichten Sie daher auf Sätze wie die folgenden:

- „Bravo. Das hätte ich nicht von dir erwartet!"
- „Geht doch!"
- „Gar nicht schlecht!"

Vermeiden Sie, soweit möglich, Vergleiche zwischen Ihren Mitarbeiter*innen. Ein Satz wie: „Sie sind meine beste Texterin" leistet eher einer Wettkampf-Ethik Vorschub, die Kooperation untergraben sowie Neid und Statusängste begünstigen kann. Vergleiche motivieren vor allem dann, wenn sie sich auf vorherige Leistungen derselben Person beziehen: „Du bist ganz exzellent darin geworden, knackige Texte zu schreiben." – Im Übrigen sollten Sie auch in Bezug auf sich selbst die alte Weisheit berücksichtigen: Sich mit anderen zu vergleichen, ist der Königsweg zur Unzufriedenheit.

Und noch ein genereller Hinweis: Bleiben Sie authentisch. Wenn Sie sich partout außerstande sehen, (viel) Lob zu verteilen, dann zwingen Sie sich nicht dazu. Beginnen Sie stattdessen z. B. damit, das Wertschätzungslogbuch zu führen, das viele Voraussetzungen für ein späteres, authentisches Loben schafft. Oder verlegen Sie sich zunächst auf andere Formen der Wertschätzung: auf aktives Zuhören (S. 85–91) oder die Herstellung psychologischer Sicherheit (S. 39 ff.) oder aufs Danken (S. 169). So dürfte es Ihnen nach und nach auch leichter fallen, regelmäßiger positive Leistungen bei anderen anzusprechen.[21]

2 Durch Fragen einbeziehen

Im Arbeitsalltag sollte es nicht darum gehen, Recht zu behalten oder das letzte Wort zu haben. Ein wertschätzender Umgang scheitert häufig an Personen, die gerne Meinungssieger sind oder deren Entscheidungen ohnehin schon feststehen. Mitarbeiter*innen fühlen sich wertgeschätzt, wenn Sie aktiv einbezogen werden und merken, dass auch ihr Standpunkt zählt und ihre Bedürfnisse wahrgenommen werden. Wir alle haben ein besseres Gefühl, wenn wir gefragt werden, was uns wichtig ist und was wir denken.

Selbst wenn bei Ihnen schon eine offene Atmosphäre herrscht, gibt es immer Mitarbeitende, die sich nicht von selbst einbringen. Deren Meinung können Sie gut mit offenen Fragen einholen. Wichtig dabei ist, dass es sich wirklich um einen ergebnisoffenen Prozess handelt, Ihnen die Meinung Ihrer Mitarbeiter*innen wichtig ist und Sie genau zuhören und gegebenenfalls mitschreiben. Hier einige einfache Beispielfragen:

- **Was** denkst du dazu?
- **Wie** geht es dir damit?
- **Wie** fühlst du dich dabei?
- **Wie** würdest du das formulieren?
- **Was** gefällt dir gut?
- **Wo** siehst du Probleme?
- **Was** möchtest du gerne ändern?
- **Was** würdest du anders machen?
- **Welchen** Punkt möchtest Du stark machen?
- **Was** fehlt dir noch?
- **Was** erscheint dir schwierig?
- **Was** fändest du hier hilfreich?
- **Was** würde es dir einfacher machen?
- **Was** ist dir in diesem Zusammenhang besonders wichtig?
- **Wie** hast du dir das vorgestellt?

---

[21] Weitere konkrete Tipps zum Loben bzw. zum Ausdruck von Anerkennung finden Sie in den Kapiteln *Das Growth Mindset* und *Feedbackgespräche*.

- **Welchen** Teil würdest du übernehmen?
- **Was** meinst du, wo du dich am besten einbringen kannst?[22]

3 Den richtigen Zeitpunkt finden

Grundsätzlich gilt: Sprechen Sie Ihre Wertschätzung so zeitnah wie möglich aus. Abgesehen davon, dass Sie auf diese Weise nicht riskieren, sie zu vergessen, fördert ein zeitnaher Ausdruck die positive Verstärkung des betreffenden Verhaltens. Die wertgeschätzte Person hat die Umstände und ihr Verhalten noch klar vor Augen und die Wertschätzung wirkt authentischer. Zudem können viele Menschen schlecht mit Lob umgehen, weswegen sie oft die eigene Leistung herunterspielen: „Ach, das war doch nichts Besonderes." / „Ja, war schon ganz okay." / „Das können andere genauso gut." / „Es war aber auch nicht schwer." Diese Tendenz nimmt zu, je mehr Zeit zwischen dem Ereignis und der konkreten Wertschätzung liegt. Regelmäßige, zeitnahe Wertschätzung wiederum schwächt diese Tendenz ab und fördert zugleich das Selbstbewusstsein.

Hierzu noch zwei Hinweise: (1) Kurz vor dem Mittagessen oder vor akuten Stressphasen sind schlechte Zeitpunkte für Lob. In beiden Situationen sind wir mit dem Kopf nicht im Hier und Jetzt, sondern schon einen Schritt weiter, entweder Richtung Kantine oder bei der nächsten Aufgabe, weshalb wir dann für Wertschätzung weniger empfänglich sind. (2) Unmittelbar nach Meetings ist oft keine Zeit, unsere Wertschätzung auszudrücken, weil wir schon zum nächsten müssen. Hier kann es helfen, Puffer einzurichten: Setzen Sie das Meeting nicht für eine ganze Stunde, sondern für 50 Minuten an. Die gewonnenen zehn Minuten können Sie dann zur Erholung nutzen oder um Dinge anzusprechen, die Ihnen gefallen haben. Diese Zeit ist oft besser investiert, als wenn Sie sie für das eigentliche Meeting verwenden.

---

[22] Weitere Fragen und Wendungen zur stärkeren Einbeziehung von Mitarbeitern finden Sie auf S. 41 sowie als Ausdruck für Mitarbeitergespräche unter: berlin-alley.com/praxisbuch-wertschaetzung.

Meetings

Nutzen Sie die Chance, am Anfang von Meetings eine fixe Wertschätzungsrunde einzuführen, die allen Teilnehmer*innen die Möglichkeit bietet, einfach einmal Danke zu sagen oder positives Feedback zu geben. So starten Sie gleich mit einer viel besseren Stimmung ins Meeting. Eine alternative Möglichkeit ist die Benutzung einer *Learning-Matrix*, mit der Sie zurückliegende Projekte besprechen und deren Teil der Ausdruck von Lob bzw. Dankbarkeit ist. (S. 74) Sie wird häufig in Retrospektiven agiler Teams verwendet.

Vertretungszeiten

Vertretungszeiten stellen meist zusätzliche Belastungen dar. Telefone werden um- und E-Mails weitergeleitet, wir müssen uns auf Gesprächspartner und Anliegen einstellen, mit denen wir weniger vertraut sind, wir haben Mehrarbeit. In Unternehmen gibt es geplante Vertretungssituationen, wie die Urlaubszeit, und ungeplante, wie bei krankheitsbedingten Ausfällen. Stellen Sie vor Urlaubszeiten sicher, dass alle wissen, wer für wen wie lange einspringt. Fragen Sie Unsicherheiten oder Probleme ab, die möglicherweise damit verbunden sind und bieten Sie Ihre Hilfe an. Sprechen Sie bei Krankheitsausfällen die davon betroffenen Mitarbeiter*innen oder Teams an. Überlegen Sie gemeinsam, ob und welche Arbeit oder Termine übernommen werden *können* und wer dafür zuständig ist. Ein häufiges Problem ist, dass Krankheitsausfälle recht selbstverständlich kompensiert werden *müssen*. Doch auch bei klaren Vertretungsregelungen bedeuten diese Mehrarbeit. Melden Sie sich bei der vertretenden Person und fragen Sie nach, ob und welche Hilfe benötigt wird. Allein dadurch, dass Sie die Besonderheit dieser Extra-Zeit wahrnehmen und ansprechen, erhöht sich die Sichtbarkeit der Mitarbeiter*innen und Sie erweisen ihnen damit Wertschätzung.

Rückkehr nach Krankheit

Führen Sie Rückkehr- oder Willkommensgespräche, wenn Mitarbeitende nach einer Krankheitsphase wieder zur Arbeit kommen. Zum einen geben Sie der Person damit Zeit, in Ruhe anzukommen, und zum anderen gewinnen Sie so die Möglichkeit, sich fürsorglich zu erkundigen, ob alles wieder in Ordnung oder noch Schonung nötig ist. Zeigen Sie Ihre Freude darüber, dass die Person wieder gesund zurück ist, und nutzen Sie die Gelegenheit, nachzufragen, ob sie sich ihrerseits freut, wieder da zu sein. In solchen Gesprächen erfahren sie oft sehr viel mehr als in formalen Feedbackgesprächen, z. B. wie zufrieden Ihre Mitarbeiter*innen mit ihrem Arbeitsplatz sind. Rückkehrgespräche sind auch ein gutes Format, um den aktuellen Stand und wichtige Informationen weiterzugeben. Dabei können die Mitarbeitenden auch gleich Rück- und Verständnisfragen stellen, die sonst erst nach und nach beim Sichten des Posteinganges auftauchen würden.

Während der Krankheitszeit

Es kommt vor, dass Mitarbeitende sehr lange krank sind, einen Unfall hatten oder im Krankenhaus liegen. In der Regel sprechen sich die eher außergewöhnlichen Umstände im Unternehmen herum. Legen Sie vorher gemeinsam im Team fest, ob es erwünscht ist, in diesen Fällen anzurufen, eine Karte zu schreiben, eine E-Mail zu schicken oder einen Besuch abzustatten. In einigen Unternehmen ist es üblich, dass Mitarbeitende, die mehr als sechs Wochen krank sind, von Team- oder Gruppenleiter*innen besucht werden, die sich vor dem Besuch noch einmal telefonisch die Zustimmung einholen. Hier ist es wichtig, klar zu stellen, dass es sich um keine Kontrollmaßnahme handelt, sondern um aufrichtige Anteilnahme. Außerdem sollte mit Genesungswünschen keinesfalls Genesungsdruck ausgeübt werden.

Erfolge

Sowohl für ein positives Arbeitsklima als auch für die Motivation der Mitarbeiter*innen ist es zentral, regelmäßig und gemeinsam Erfolge zu feiern. Das müssen keine großen Errungenschaften, wie etwa erfolgreich abgeschlossene Projekte sein, die Sie selbstverständlich zusätzlich feiern können. Auch wenn Projekte häufig unter großem Zeitdruck laufen, sollten Sie beendete Phasen feiern – das ist gut investierte Zeit. Geben Sie ein Frühstück aus, bestellen Sie Kuchen oder verteilen Sie High-Fives. Bei dieser Gelegenheit verbindet sich das gute Gefühl, Fortschritte zu machen, mit der Anerkennung von Leistungen. Das wirkt sich auch positiv auf Projekte aus, weil Mitarbeiter*innen motivierter und leistungsstärker in die jeweils nächste Runde gehen. Wenn Sie nicht projektbasiert arbeiten, können Sie sich mit Ihrem Team Meilensteine setzen. Das können Zeitabschnitte sein, z. B. alle vier Wochen, oder der Abschluss von einzelnen Arbeiten, wie etwa die Digitalisierung bestimmter Dokumentenreihen.

Geburtstage, Geburten, Hochzeiten

Ihren Mitarbeitenden und Kolleg*innen zum Geburtstag zu gratulieren, sollte selbstverständlich sein. Grundlage hierfür ist ein Geburtstagskalender. Wenn möglich, vermeiden Sie nur per E-Mail zu gratulieren. Zum einen entsteht leicht der Eindruck, dass Sie eine Standard-E-Mail verwenden, und zum anderen geht diese in der Flut anderer Mails leicht unter. Immer häufiger gratulieren nämlich auch Versicherungen, Optiker, ein schwedisches Möbelhaus oder Telefonanbieter per E-Mail zum Geburtstag. Wenn das Geburtstagskind an diesem Tag auf der Arbeit ist, dann schauen Sie persönlich vorbei oder rufen Sie an. Notfalls gratulieren Sie nachträglich. Zu Geburten und Hochzeiten legen in der Regel Kolleg*innen zusammen, schenken eine Karte mit Bargeld, einen Gutschein oder basteln etwas. Gehen Sie konkret auf das Team zu und fragen Sie nach, ob etwas geplant ist, ob es die Möglichkeit gibt, sich daran zu beteiligen und auf welchem Weg das Geschenk überreicht werden soll. Alternativ besteht immer die Möglichkeit, einen Blumenstrauß als Gratulationsgruß zu verschicken.

Eine weitere Gelegenheit, einander Wertschätzung auszudrücken, sind **Feedbackgespräche**. Da es sich hierbei um ein recht umfassendes Thema handelt, wird es in einem eigenen Kapitel behandelt (S. 143–158).

4 Kanäle und Medien

Mündlich, schriftlich, telefonisch?

Grundsätzlich gilt: Je direkter und persönlicher Sie wertschätzen, desto besser. Wann immer es also möglich ist, sagen Sie es persönlich und unter vier Augen. Gehen Sie im Büro vorbei, bleiben Sie in der Kantine kurz am Tisch stehen oder nutzen Sie die Gelegenheit, wenn Sie sich auf dem Flur begegnen. Sollte das nicht möglich sein, greifen Sie zum Telefon. Hinterlassen Sie, nachdem Sie die Person telefonisch nicht erreichen konnten, entweder eine handschriftliche, anerkennende Notiz auf dem Schreibtisch oder schreiben Sie eine E-Mail. Weitere indirekte Möglichkeiten, Wertschätzung auszudrücken, sind das Intranet oder der interne Newsletter.[23] Erkundigen Sie sich auch bei Ihren Mitarbeiter*innen, entweder persönlich, in Umfragen oder kleineren *Pulse Surveys* (S. 65), wer für einen bestimmten Beitrag dort namentlich mit einem kleinen Text erwähnt werden sollte.

Danke-Karten

Kennen Sie noch die Belohnungsstempel und -aufkleber aus der Schule? Wofür wir früher Hefte hatten, können wir heute Schreibtische nutzen. Verteilen Sie regelmäßig Lob-, Dankes- oder WOW-Karten, wenn Sie jemanden wertschätzen wollen, aber keine Zeit für ein Gespräch haben. Wenn Sie Ihr Team für erfolgreiche Arbeit wertschätzen wollen, dann heften Sie die Karten an die Pinnwand der Abteilung.

Behind the Scenes Award

Es gibt Mitarbeiter*innen, deren Qualitäten oft nicht direkt messbar sind. Und obwohl das, was sie leisten, meist nicht in der Stellenbeschreibung steht, sind sie unentbehrlich im Team, z. B. weil sie andere unterstützen, motivieren, Menschen zusammenbringen, oder andere Dinge tun, die oft unter dem Radar laufen. Auch diese Menschen haben natürlich ein Bedürfnis nach Wertschätzung. Um dies auszudrücken und den besonderen Status solcher Leistungen zu honorieren, können Sie den *Behind the Scenes Award* verleihen. Dabei handelt es sich um eine Auszeichnung für Menschen, deren

[23] Verzichten Sie hierbei eher auf Rundmails mit Dank an alle Mitarbeitenden. Dieser Wertschätzungsversuch wird allgemein nicht gut aufgenommen, da er zu unspezifisch ist. Und noch ein **grundsätzlicher Hinweis**: Wir erscheinen weniger kooperativ, unhöflicher, verhandeln schlechter und unsere Entschuldigungen klingen weniger glaubhaft, wenn wir Emails schreiben, als wenn wir von Angesicht zu Angesicht kommunizieren.

Arbeit nicht im Vordergrund, sondern hinter den Kulissen geschieht.

Wussten Sie schon …

Wertschätzung, die wir persönlich überbringen, wirkt stärker auf unsere Mitmenschen als eine E-Mail oder eine Textnachricht. Dies gilt auch für den Erfolg von Anliegen. In einer Studie war die Bitte, an einer Umfrage teilzunehmen, 34 Mal erfolgreicher, wenn sie nicht per E-Mail, sondern von Angesicht zu Angesicht vorgetragen wurde. Zu den Gründen dafür zählt, dass wir Texten aufgrund der fehlenden körperlichen Signale (Mimik, Gestik, Intonation) weniger vertrauen als einer Person, die uns gegenübersteht.

WENN SIE MEHR WISSEN MÖCHTEN

Amabile, Teresa M.; Kramer, Steven J.: *The Progress Principle. Using Small Wins to Ignite Joy, Engagement, and Creativity at Work*, New York 2011 | Ein Buch mit vielen praktischen Tipps zur Förderung einer besseren Unternehmenskultur durch die **Hervorhebung von (kleinen) Erfolgen**.

Bohns, Vanessa K.; Roghanizada, M. Mahdi: „Ask in person: You‘re less persuasive than you think over email“, in: *Journal of Experimental Social Psychology*, 69 (2017), S. 223–226 | Der Artikel belegt, dass persönlicher Kontakt den **Erfolg unserer Anliegen** erhöht.

Dweck, Carol: *Mindset. The New Psychology of Success*, New York 2006 | Dieses Buch macht darauf aufmerksam, wie wichtig die Konzentration auf **Weiterentwicklungsmöglichkeiten und Selbstwirksamkeit** beim Feedbackgeben ist.

Heen, Sheila; Stone, Douglas: *Thanks for the Feedback. The Art and Science of Receiving Feedback Well*, New York 2014 | Ein überaus aufschlussreiches Buch zum konkreten **Umgang mit schwierigen Gesprächen**.

Matyssek, Anne Katrin: *Wertschätzung im Betrieb. Impulse für eine gesündere Unternehmenskultur*, Norderstedt 2011 | Ein Buch mit **vielen hilfreichen Tipps für einen wertschätzenden Umgang** im Unternehmen.

Scott, Kim: Radical Candor, New York 2017 | Dies ist eins **der besten Bücher über modernes Management**, das wir kennen. Es enthält auch und vor allem viele praktische Tipps zur konkreten Gesprächsführung.

FEEDBACKGESPRÄCHE

Wie Sie wertschätzend Personalgespräche führen

Feedbackgespräche, auch Personal- oder Mitarbeitergespräche genannt, sind ein wesentlicher Bestandteil unserer Arbeitswelt. Sie gehen über Unterhaltungen im Tagesgeschäft hinaus und dienen einer allgemeineren Orientierung über Leistungen, Prozesse und Bedürfnisse. Sie werden zwischen Führungskräften und Mitarbeitenden und meist in regelmäßigen Abständen durchgeführt. Im Folgenden haben wir wichtige Grundregeln sowie konkrete Tipps zusammengestellt, die Sie dabei unterstützen, Feedbackgespräche wertschätzend zu führend. Viele der Hinweise gelten auch für weniger formale Unterhaltungen am Arbeitsplatz.

DAS KÖNNEN SIE TUN

1 **Bau kein Schloss, bau tausend Zelte**
Für Feedbackgespräche gilt wie für Wertschätzung und Feedback im Allgemeinen: Sie sollten möglichst häufig stattfinden. In der neueren Unternehmenskultur etablieren sich daher zunehmend vier feste Gespräche im Jahr, die oft um einen monatlichen und teils sogar wöchentlichen Austausch ergänzt werden, insbesondere für neue Mitarbeiter*innen. Die höhere Frequenz hat eine Vielzahl von Vorteilen. Sie ermöglicht, schneller auf Veränderungen zu reagieren, neue Ideen und Verbesserungsmöglichkeiten zu finden, Teamdynamiken genauer zu verstehen, die Zusammenarbeit zu verbessern und den Informationsfluss zu erhöhen. Außerdem stauen sich vor großen Gesprächen oft auch Ängste und Unsicherheiten, die durch regelmäßigere kleinere Gespräche leichter abgebaut werden. Weiterhin bietet eine höhere Frequenz auch mehr Gelegenheiten zur

Wertschätzung und Motivation, da Sie gründlicher auf persönliche Ziele und Bedürfnisse eingehen können. Und schließlich trainiert ein häufigerer Austausch das Geben und Nehmen von Feedback selbst und stärkt eine Kultur des wechselseitigen Dialogs und der offenen Kommunikation.

2 Führen Sie einen Dialog

Das möglichst rasche Abhaken von Bewertungspunkten, die Angst vor langen Diskussionen und das Bedürfnis, stets die Kontrolle zu behalten, führen in Feedbackgesprächen oft zu *Monologen*. Mitunter entsteht auch ein „Monolog zu zweit", in dem beide Seiten ihre eigenen Auffassungen verkünden, ohne wirklich aufeinander einzugehen. *Diskussionen* wiederum können ein fruchtbarer Teil von Gesprächen sein. In ihnen versuchen wir zu herauszufinden, wie stichhaltig Behauptungen und welches die besten Argumente sind. Leider tritt in Diskussionen oft auch ihre ursprüngliche Wortbedeutung zutage, die vom lateinischen Wort für „erschüttern" stammt. Dann versuchen wir, unsere Positionen oder Argumente gegen andere durchzusetzen, um am Ende Recht zu behalten. Dabei kann schnell eine ablehnende, vorwiegend kritische Haltung dominieren, während das Bemühen, die Positionen miteinander zu verbinden, in den Hintergrund gerät. Wenn Diskussionen eskalieren, führen sie meist in einen *Streit*. Dann werden gute Gründe über Bord geworfen und es geht nicht mehr um die Sache selbst: Wir lassen Dampf ab, hören nicht mehr zu und versuchen, unser Gegenüber als Person zu treffen. Solche Konflikte sind bestimmt durch Anschuldigungen, Verteidigungen und starke, negative Gefühle (S. 156 f.). – Die Gesprächsform mit der größten Wertschätzung ist der *Dialog*. Darin dreht es sich nicht darum, jeweils Recht zu behalten, sondern ein gemeinsames Ziel zu erreichen – auch wenn man unterschiedliche Positionen vertritt. Die Leitfrage lautet: „Wie bekommen wir das zusammen hin?". Kritik, Fehler und abweichende Meinungen ordnen sich der Vorstellung unter, am selben Strang zu ziehen. Dazu ist es oft notwendig, hinter die vordergründigen Positionen und Gefühle zu schauen und Interessen zu finden, die man teilt. Zudem haben solche zugrunde liegenden Bedürfnisse oft den Vorteil, dass sie sich auf unterschiedliche Weise befriedigen lassen, so dass man nicht bei den zunächst formulierten Positionen stecken bleibt. Grundlage dafür ist aktives Zuhören (S. 85–91). Beim Führen eines Dialogs sollten Sie vor allem zwei Dinge berücksichtigen. Erstens: das Prinzip der *Wechselseitigkeit* – Statusunterschiede spielen keine Rolle bei der Lösung des Problems. Zweitens: Das Prinzip der *Perspektivität* – die eigene Auffassung ist nur eine von vielen möglichen Interpretationen des Sachverhalts. Was das konkret bedeutet, erfahren Sie in den folgenden zwei Punkten.

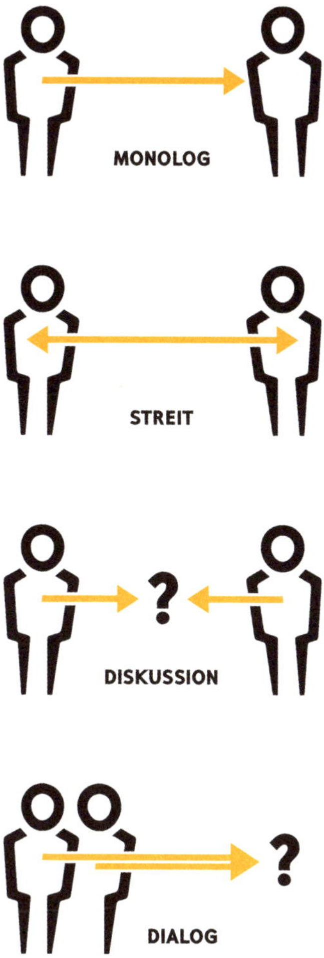

3 Feedbackbögen wechselseitig gestalten

Viele Unternehmen arbeiten mit Feedbackbögen. Oft enthalten solche Bögen hauptsächlich Selbsteinschätzungsfragen für die Mitarbeitenden, aber nur selten Fragen, mit denen auf das Verhalten der Vorgesetzen eingegangen werden kann. Dieses Missverhältnis kann bereits den Dialog erschweren, bevor ein Gespräch überhaupt stattgefunden hat. – Ein gutes Feedbackgespräch ist aber keine Einbahnstraße. Auch Vorgesetzte brauchen konstruktive Rückmeldung und Wertschätzung. Wir haben einige Fragen zusammengestellt, die Führungskräften helfen, sich selbst einzuschätzen. Benutzen Sie diese zur eigenen Vorbereitung auf das Feedbackgespräch. Wählen Sie zudem einige von diesen Fragen aus und integrieren Sie sie in die Feedbackbögen für Mitarbeitende. Durch den Abgleich ihrer Antworten im Gespräch eröffnen Sie einen Dialog, erfahren Bestätigung oder lernen Verbesserungsmöglichkeiten für eine Zusammenarbeit auf Augenhöhe.

- *Verhalte ich mich stets wertschätzend?*
- *Nehme ich mir genug Zeit?*
- *Bei welchen Situationen hätte ich anders handeln können?*
- *Binde ich meine Mitarbeitenden genug in Entscheidungen ein?*
- *Benötigt der*die Mitarbeitende konkrete Hilfestellungen durch mich, um ihre derzeitigen Anforderungen besser erfüllen zu können?*
- *Wo könnte ich mehr Unterstützung anbieten?*
- *Welche Konflikte und Spannungen im Team betreffen mich?*
- *Welche Aufgaben (im Umgang mit Mitarbeitenden) bereiten mir Schwierigkeiten? Wie könnte ich das ändern?*
- *Wo würde ich gern Verantwortung abgeben?*
- *Womit könnte ich die Zusammenarbeit erleichtern?*
- *Worin könnte der*die Mitarbeitende mich unterstützen?*

Vorschläge für komplette Feedbackbögen, die weitere Aspekte wie Weiterentwicklung, Kultur, Zusammenarbeit, Kompetenzen und Bedürfnisse enthalten und die Sie als Grundlage für wertschätzende Personalgespräche nutzen können, finden Sie zum Ausdrucken auf: 🌐 berlin-alley.com/praxisbuch-wertschaetzung.

4 Perspektivität hervorheben

Bedenken Sie, dass alles, was Sie vorbringen, zunächst einmal nur Ihre Sicht auf die Dinge wiederspiegelt, so sehr Sie auch davon überzeugt sein mögen. Und selbst wenn Ihre Auffassung der Wahrheit entspricht, ist es gut möglich, dass dies nicht die ganze Wahrheit ist oder die *Bewertung* oder die *Interpretation* des Sachverhalts anders ausfallen könnte. Konkret bedeutet dies: Bemühen Sie sich bei Feedbackgesprächen, die Perspektivität Ihrer Kritik mitzukommunizieren. So drängen Sie Ihr Gegenüber nicht in eine ausweglose Position, sondern laden dazu ein, den Sachverhalt gegebenenfalls zu vervollständigen. Außerdem ermöglichen Sie so, konstruktiv mit einem nicht immer ganz auszuschließenden Irrtum Ihrerseits umzugehen. Insbesondere bei sehr kritischen Punkten lohnt sich daher, einleitend eine Wendung wie die folgende zu benutzen:

> „Ich möchte ein Problem schildern, das ich wahrgenommen habe. Gut möglich, dass ich damit falsch liege. Falls dem so ist, bitte sag es mir. Falls nicht, dann hoffe ich, dass ich dir / dem Team weiter, indem ich es anspreche."

Dazu gehört auch, sofern dies der Arbeitskontext erlaubt, Ihre Vorstellungen nicht als unabweisbare Forderungen, sondern als Bitten vorzubringen, die Ihr Gegenüber gegebenenfalls in Frage stellen kann. Verwenden Sie also, wenn möglich, statt „Ich will, dass du …" / „Du musst …" / „Du sollst …" eher eine Formulierung wie „Ich möchte, dass du …" / „Würdest du bitte …" oder „Ich schlage vor, dass du …".[24]

5 Begründen Sie Ihr Feedback

In vielen Situationen reicht ein „Super!", „Toll gemacht!" oder „Danke" völlig aus, um klar und unmissverständlich Wertschätzung auszudrücken. Unter bestimmten Umständen aber kann

---

[24] In reinen Unterweisungsgesprächen, in denen ein klares Kompetenz- bzw. Wissensgefälle besteht und in denen der Vorschlagscharakter zu Missverständnissen führen könnte, ist ein solches Vorgehen nicht sinnvoll.

Feedback, ob es nun bestärkend oder kritisch ist, als unglaubwürdig, unspezifisch oder unpassend wahrgenommen werden. Um dieser Gefahr vorzubeugen und zugleich den Empfänger*innen das Gefühl zu geben, gesehen und wertgeschätzt zu werden, empfehlen wir, Feedback möglichst konkret zu begründen oder es in den richtigen Kontext zu setzen. Das gilt für den spontanen Austausch nach Meetings oder auf dem Flur ebenso wie für formale Personalgespräche, insbesondere wenn der Sachverhalt schon etwas länger zurückliegt. – Hier vier Beispiele für anerkennende Worte, die das Lob genauer formulieren:

sinnstiftend

Ich fand großartig, wie beharrlich du in der Vorbesprechung nachgehakt hast, vor allem in Bezug auf unser Budget. Damit hast du dem Team genau den Freiraum geschaffen, den wir brauchen.

spezifisch

Dein Bericht von gestern war sehr überzeugend geschrieben. Außerdem fand ich ihn gut verständlich. Auch Hans, der bei technischen Details meist abschaltet, hast du so ins Boot geholt.

individuell auf die Person bezogen

Es war klasse, wie du im Meeting deine Meinung vertreten hast. Ich weiß noch, dass du damit anfangs Schwierigkeiten hattest. Ich freue mich über diese Entwicklung.

sinnstiftend + individuell

Dein Design hatte entscheidenden Einfluss darauf, dass unser Projekt angenommen wurde. Vor allem, dass es so klar und nüchtern war, hat die Aufmerksamkeit direkt auf die wichtigen Punkte gelenkt. Ich weiß, dass du daran zum Schluss noch einmal besonders hart gearbeitet hast. Danke dafür!

6 Das *Start-Stop-Weiter-so-Modell*

Um kritische Anmerkungen möglichst neutral zu formulieren und unerwünschtes Verhalten leichter anzusprechen, können Sie statt wertenden Wendungen auch eine eher neutrale Darstellung wählen. Zum Beispiel:

Anstelle von	Können Sie verwenden
Das war gut.	*Ich möchte, dass Du das weiter machst.*
Das war schlecht.	*Ich möchte, dass Du damit aufhörst.*
	Ich möchte, dass Du mit … beginnst.

Insbesondere in Gruppensettings, z. B. bei der Auswertung von Projekten, hat es sich als sehr dialogfördernd herausgestellt, statt nach guten oder schlechten Aspekten eher nach Veränderungen zu fragen:

- *Womit sollten wir aufhören?*
- *Womit sollten wir anfangen?*
- *Was sollten wir weiter so machen?*

7 Situation-Verhalten-Folge-Modell + Anschlussfrage

Diese Methode hilft Ihnen dabei, ein Verhalten, mit dem Sie unzufrieden sind, wertungsfrei anzusprechen. Dazu beginnen Sie mit der konkreten Beschreibung der betreffenden Situation (S), stellen dann das Verhalten der Person dar (V) und zeigen dann, wozu dieses geführt hat (F). Je spezifischer Sie hier sind oder je konkretere Beispiele Sie für ein allgemeines Verhalten angeben können, desto glaubwürdiger wird Ihre Schlussfolgerung und desto weniger müssen Sie mit einer defensiven Reaktion rechnen. Die Anschlussfrage (AF) dient dazu, den Mitarbeiter zu ermutigen, offen sein Problem anzusprechen, ohne unter Rechtfertigungsdruck zu stehen.

Ursprüngliche, zu allgemeine Formulierung

„Du tust nichts dafür, um dich weiterzuentwickeln."

Variantendes Situation-Verhalten-Folge-Modells + Anschlussfrage

S *Wir haben Fachzeitschriften für deine Abteilung abonniert.*
V *Sie liegen jede Woche unberührt im Gang.*
F *Du hast den Bericht über … nicht bemerkt, der viele Ideen für unser Marketing enthält.*

S *Ich habe dir angeboten, nach der Sitzung bei mir vorbeizukommen, um über die Verbesserung deiner Englischkenntnisse zu sprechen.*
V *Du warst nicht da.*
F *Du hast diese Möglichkeit nicht wahrgenommen, dich zu verbessern.*

AF *Wie siehst Du das? Was ist deine Sicht auf die Dinge?*

8 Vermeiden Sie Sandwich-Kritik

Wir haben oft das Bedürfnis, Kritik hübsch zu verpacken, damit Sie besser aufgenommen wird. Doch abgesehen davon, dass es wertschätzender ist, sie direkt zu kommunizieren (S. 27–31), können hierbei unbeabsichtigte Nebenfolgen eintreten. Ein Beispiel dafür ist die sogenannte Sandwich-Kritik, auf die Sie besser verzichten sollten. Wenn Sie etwas kritisch ansprechen möchten, z. B. Unpünktlichkeit, dann gehen Sie nicht folgendermaßen vor: „Peter, du hast heute viel Schwung ins Meeting gebracht, auch wenn du wieder einmal zu spät gekommen bist. Deine Präsentation am Ende fand ich überzeugend." Dies stellt den Versuch dar, den kritischen Punkt, den Sie eigentlich kommunizieren wollen, abzumildern, indem Sie ihn mit positiven Dingen umgeben wie den Käse mit zwei Scheiben Brot. Dieses Vorgehen ist aber nicht nur unredlich und wird in der Regel schnell durchschaut, sondern ermöglicht dem Gegenüber auch, sich die bequemere der Informationen herauszupicken, statt sich auf das zu konzentrieren, was Sie eigentlich sagen wollten. – Hier ist es besser, Lob klar zu trennen von der Kommunikation der Dinge, die Sie ändern wollen.

9 Positives und Negatives motivierend gewichten

Versuchen Sie, die positiven Aspekte von Leistungen stärker hervorzuheben und die Kritik an negativen zu minimieren. Die Forschung zeigt, dass leistungsstarke Teams sich weitaus häufiger positives als negatives Feedback geben. Dies liegt nicht daran, dass es bei ihnen nichts zu verbessern gäbe. Vielmehr motiviert die Konzentration auf Erfolge, Errungenschaften und Gelungenes stärker und nachhaltiger als ein beständiger Fokus auf Fehler.[25] Oft wird dabei als Daumenregel ein (wissenschaftlich nicht belastbares) Verhältnis von drei positiven zu einer negativen Rückmeldung angegeben, die sogenannte *Losada-Zahl.* Andere sprechen von einem Verhältnis von 5 zu 1. – Entscheidend für die Motivation ist allerdings nicht die genaue Einhaltung dieses Verhältnisses, sondern der Versuch, negative Punkte zu reduzieren. Dies erreichen Sie durch zwei Herangehensweisen: Erstens. Überlegen Sie sich, welche kritischen Punkte Sie wirklich unbedingt vorbringen müssen. Beschränken Sie sich auf die wichtigsten. Fragen Sie sich: Was bringt es eigentlich, diese Sache anzusprechen? Weiß die Person nicht selbst bereits, was zu verbessern ist? Mit jedem weiteren negativen Punkt, der nicht durch positive ausgeglichen wird, sinkt die Motivation der Mitarbeitenden. Zweitens. Achten Sie stärker auf positive Dinge, die Sie anerkennen können (oft reicht schon ein zusätzliches Dankeschön), oder nutzen Sie andere Ausdrucksweisen Ihrer Wertschätzung. Dabei kann Sie sowohl die Liste auf S. 117 f. unterstützen als auch vor allem das Wertschätzungslogbuch. – Mehr über die psychologischen Hintergründe positiver Kommunikation können Sie im Kapitel *Erfolgsfaktor Gefühl* (S. 69–78) erfahren.

10 Drängen Sie Ihr Gegenüber nicht in die Defensive

Gefühle sind ein fester Bestandteil von Feedbackgesprächen. Insbesondere Sorgen, Ärger und Ängste sowie daraus resultierender Stress können Gespräche begleiten und wesentlich beeinflussen, ob es erfolgreich verläuft. Eine erste Möglichkeit, damit umzugehen, besteht in der Prävention negativer Gefühle. Dazu ist

---

[25] Umfragen zeigen übrigens, dass Führungskräfte vor allem kritisches Feedback als ausschlaggebend für gutes Management betrachten, wohingegen Mitarbeiter*innen ihre Vorgesetzten vor allem dann als effektiv bewerten, wenn sie überwiegend positives Feedback geben.

es hilfreich, die Dinge so zu formulieren, dass typische Auslöser für Defensivmechanismen nicht aktiviert werden. Diese betreffen üblicherweise die Zuschreibung von Schuld, Rechtfertigungsdruck, Statusfragen oder Verletzungen des Selbstbilds. – Hier sind einige alternative Formulierungen, die Ihnen helfen können, ein emotional weniger aufgeladenes Gespräch zu führen:

Vermeiden Sie Schuldzuweisungen	
Du bist schuld, dass …	*Ich würde gerne mit dir über die folgende Situation sprechen: …*
Du bist dafür verantwortlich, dass …	*Erzähl mal, was war da los, was ist passiert, wie hast du das wahrgenommen?*

Vermeiden Sie Warum-Fragen	
Warum hast Du … gemacht?	*Wie hast du dich gefühlt?*
Warum hast Du … nicht gemacht?	*Was hast du gedacht?*
Warum-Fragen zielen zu unspezifisch auf Gründe und Ursachen ab. Personen, denen sie gestellt werden, picken sich tendenziell die Deutung heraus, die in ihren Augen die größte Bedrohung für Sie darstellt, und reagieren entsprechend defensiv. Fragen Sie stattdessen nach konkreten Zielen, Absichten und Handlungshintergründen.	*Was würdest du anders machen?* *Schildere das mal aus deiner Perspektive!* *Was war deine Absicht dahinter?* *Was willst du dadurch erreichen?* *Welches Ziel hattest du?*

Richten Sie sich nicht gegen die Person	
Du bist beleidigend. *Du bist unfähig.* *Du bist arrogant.* *Du bist kein guter Mitarbeiter.* *Das kannst du einfach nicht.* *Du bist unzuverlässig.*	Seien Sie in Ihrer Kritik spezifisch, geben Sie möglichst konkrete Beispiele und beziehen Sie sich ausschließlich auf das Verhalten, nicht auf die Person. Lösen Sie unangenehme Eigenschaften in Beobachtungen auf nach dem Situation-Verhalten-Folge-Modell (S. 149 f.). *Im letzten Meeting hast du Folgendes zu Hans gesagt: … Der hat sich danach zurückgezogen und nichts mehr beigetragen.*

Vermeiden Sie die Beziehungsebene	
Ich bin enttäuscht. *Von dir hätte ich mehr erwartet.* *Nach allem, was ich für dich getan habe!* *Mir reichen Deine Leistungen nicht.* *Schade!*	Die direkte Ansprache der Beziehungsebene ist oft unmittelbarer Ausdruck von Enttäuschung oder Ärger. Wir sagen Dinge, die wir später gerne relativieren würden. Wenn Sie merken, dass Sie noch stark emotional auf eine Situation reagieren, lassen Sie sich mit dem Gespräch noch etwas Zeit, um abzukühlen. Hilfreich ist auch, wenn Sie zunächst aufschreiben, was Sie gerne sagen möchten. Das erleichtert Ihnen die nötige emotionale Distanz, ohne ihre eigenen Gefühle zu ignorieren oder zu unterdrücken.

Kommunizieren Sie, dass es sich (nur) um Ihre Sicht der Dinge handelt	
Das stimmt nicht.	*Ich sehe das folgendermaßen: …*
Das siehst Du ganz falsch.	*Ich nehme das so wahr: …*
Ich habe recht.	*Aus meiner Perspektive stellt sich das so dar: …*
Du hast unrecht.	*Hier ist etwas, das noch fehlt.*
Genau so ist das.	*Ich habe beobachtet, …*
Dagegen kannst Du nichts sagen.	*Mir ist aufgefallen, …*
Das musst Du so hinnehmen.	*Was ist deine Perspektive darauf?*
	Damit bin ich nicht einverstanden.
	Ich habe folgende Erfahrung gemacht: …

Seien Sie nicht rückwärtsgewandt	
Da wäre mehr drin gewesen.	*Ich wünsche mir, dass du ab nächster Woche …*
In Ihrer Position hätten Sie das eigentlich wissen sollen.	*Beim nächsten Mal machst du es besser.*
Schade!	*Ich traue dir zu, dass du …*

Unterstellen Sie keine Absichten[26]	
Du hast keinen Respekt für … *Du willst ja immer nur …* *Du hast doch nur Angst vor …*	Lassen Sie sich die Situation konkret aus der Perspektive des Mitarbeitenden schildern und beziehen Sie sich auf einzelne Handlungen, die Sie wahrgenommen haben.

11 Steuern Sie Gefühle während des Gesprächs

Auch mit der besten Vorbereitung kann ein Gespräch unerwünscht verlaufen und negative Emotionen auslösen. Die Grundregel lautet hier: Sprechen Sie den Gefühlen Ihres Gegenübers nicht die Berechtigung ab. Verzichten Sie auf Sätze wie: „Nimm es nicht persönlich!" / „Hab dich doch nicht so." / „Jetzt bleiben wir mal ganz sachlich." Sprechen Sie die Gefühle stattdessen an. Hier einige Tipps und Hinweise, wie Sie Gespräche in diesem Fall erfolgreich fortsetzen zu können:

Bleiben Sie ruhig, kommunizieren Sie ehrlich und direkt.

Ich weiß, dass die Situation grade schwer für dich ist.

Ich habe das Gefühl, dass es dir damit nicht gut geht. Kannst du mir sagen warum? Ich würde es gern besser verstehen.

Ich merke, dass ich gerade etwas gestresst auf die Situation reagiere. Geht es dir auch so?

Ich glaube, wir kommen hier gerade nicht weiter. Was meinst du?

Ich habe den Eindruck, mit dieser Entscheidung geht es dir nicht so gut. Kannst du mir sagen, woran das liegt?

---

[26] Als ein grundsätzlicher Tipp: Fragen Sie sich, was sowohl die denkbar beste als auch die denkbar schlechteste Absicht der betreffenden Person gewesen sein könnte. Überlegen Sie dann, welche Absicht zwischen diesen Extremen liegen könnte. Auf diese Weise kommen Sie häufig der Wahrheit näher als durch Ihre erste spontane Vermutung, die vor allem in Konfliktsituation oft böse Absichten unterstellt.

Übernehmen Sie Verantwortung.

Fragen Sie sich, durch welche Entscheidung oder welches Verhalten Sie zur Entstehung des Konfliktes beigetragen haben: Welche Verantwortung können Sie selbst übernehmen?

Ich hätte in dieser Situation auch anders reagieren können.

Zu dieser Situation habe ich auch mit meinem Verhalten/meiner Entscheidung beigetragen.

Entschleunigen Sie das Gespräch durch Pausen.

Öffnen Sie eine Wasserflasche, trinken Sie etwas bzw. bieten Sie Ihrem Gegenüber etwas an. / Legen Sie gemeinsam eine kurze Gesprächspause ein, um an die Luft zu gehen. / Legen Sie eine längere Pause ein: *„Lass uns hier erst einmal unterbrechen und am Nachmittag weiterreden, was meinst Du?"* / *„Ich habe das Gefühl, dass dieser Punkt grade schwierig ist. Was denkst Du, sollen wir das zu einem anderen Zeitpunkt besprechen?"*.

12 Defensivmechanismen erkennen

Defensives Verhalten ist völlig natürlich. Es soll dazu dienen, unseren Selbstwert zu schützen. Das, was unserem eigenen Selbstbild entgegensteht, wird als potenziell gefährlich interpretiert. Dazu gehört auch Kritik. Es gibt eine Vielzahl an Defensivmechanismen, von denen wir im Folgenden die häufigsten aufführen. Versuchen Sie einmal, Ihren Mitarbeiter*innen deren typische Defensivmechanismen zuzuordnen, bevor Sie in ein Gespräch gehen. So werden Sie weniger überrascht, können Gefühle leichter ansprechen (siehe Tipp 11) und bleiben besser beim Thema. – Eine recht schlichte, aber sehr wirksame Strategie, um Kritik abzulehnen, ist die **Verneinung**, d. h. es werden konsequent relevante Sachverhalte abgestritten. Eine Form der Verneinung ist die **Leugnung**, bei der nicht der Sachverhalt an sich abgestritten wird, sondern die eigene Verantwortung, indem man vorgibt, nicht das relevante Wissen oder die korrekten Informationen gehabt zu haben. Zudem werden negative Konsequenzen in ihrer Bedeutung abgeschwächt. Eine weitere Form ist die **Rationalisierung**. Auch hier wird der Sachverhalt nicht abgestritten, das eigene Handeln aber als richtig dargestellt, indem rationale Motive und gute Gründe dafür aufgeführt oder vorgeschoben werden. Ein umfänglicher Vermeidungsmechanismus ist das **Intellektualisieren**. Hier wird vom bestehenden Konflikt durch Theoretisieren und Analysieren von abstrakten Dingen oder durch Fachsimpeln abgelenkt. **Projektion** bedeutet, dass die *eigenen* schlechten Eigenschaften, Fehler oder Unzulänglichkeiten nicht akzeptiert oder zurückgewiesen werden. Dafür erhöht sich die sensible und mitunter übertriebene Wahrnehmung der Eigenschaften, Fehler oder Unzulänglichkeiten bei *anderen*. In einer Kritiksituation führt das häufig dazu, dass man plötzlich über andere Kolleg*innen spricht. Die **psychologische Distanz** kann man als Flucht vor Problemen in eine mentale Schutzzone verstehen. Kritik wird hier zwar dem Anschein nach zugelassen, aber nicht wirklich wahrgenommen oder verarbeitet. Es entsteht deshalb der Eindruck, man spräche ins Leere.

Wussten Sie schon ...

... dass eine der hilfreichsten Fragen in Feedbackgesprächen lautet: „Wie hast du das gemacht?" Sie vereint wirksam mehrere Formen der Wertschätzung: Wir zeigen unser Interesse für die Absichten und das Vorgehen der befragten Person und schaffen eine bessere Grundlage für eine mögliche Beurteilung sowie für konkretere Wertschätzung. Und schließlich drücken wir damit, je nach Kontext, sogar unsere Wertschätzung aus („Wow! Wie hast du das gemacht?").

WENN SIE MEHR WISSEN MÖCHTEN

berlin-alley.com/praxisbuch-wertschaetzung | Hier finden Sie weitere **Fragen, Formulare und Feedback-Bögen zum Ausdrucken**.

Karl König: *Abwehrmechanismen*, Göttingen 2007 | Eine allgemeinverständliche **Auflistung klassischer Abwehrmechanismen**.

Heen, Sheila; Stone, Douglas: *Thanks for the Feedback. The Art and Science of Receiving Feedback Well*, New York 2014 | Eines der besten Bücher zum konkreten **Umgang mit schwierigen Gesprächen**.

Homburg, Ch.; Fürst, A.: *See No Evil, Hear No Evil, Speak No Evil: A Study of Defensive Organizational Behavior towards Customer*, 2007 | Eine empirische Studie wie Defensivmechanismen einen konstruktiven Umgang mit Kundenbeschwerden behindern mit einer **knappen Erklärung der relevanten Defensivmechanismen.**

Losada, Marcial; Heaphy, Emily: „The Role of Positivity and Connectivity in the Performance of Business Teams. A Nonlinear Dynamics Model“, in: *American Behavioral Scientist* 47 (2004), S. 740–765 | Der Artikel zeigt, dass **positives Feedback sechsmal häufiger bei leistungsstarken Teams** ist als bei durchschnittlichen.

Matyssek, Anne Katrin: *Wertschätzung im Betrieb. Impulse für eine gesündere Unternehmenskultur*, Norderstedt 2011 | Hier finden Sie viele weitere praktische **Tipps zu wertschätzender Gesprächsführung**.

Rosenberg, Marshall B.: *Konflikte lösen durch Gewaltfreie Kommunikation. Ein Gespräch mit Gabriele Seils*, Freiburg i. Br. 2004 | In diesem Gespräch über **gewaltfreie Kommunikation** erfahren Sie viele wichtige Tipps und Hintergründe zum Führen von schwierigen Gesprächen.

Scott, Kim: *Radical Candor*, New York 2017 | Hier finden Sie das **Radical-Candor-Modell** sowie viele Tipps zum Umgang mit ihren Mitarbeitenden, insbesondere in Feedbackgesprächen.

PROBIEREN SIE MAL DAS!

Tools, Techniken und kleine Experimente

Gutes Tratschen

Diese Übung können Sie z. B. zur Auflockerung bei Team-Bonding-Events (S. 42) einbauen. Sie kehrt die Art, wie wir oft über Abwesende reden, überraschend ins Positive. Lassen Sie dazu Ihr Team in Dreier- oder Vierergruppen zusammenkommen. Die Aufgabe lautet: Während eine Person nur zuhört, unterhalten sich die anderen ausschließlich über die Vorzüge und guten Taten der Zuhörenden: „Sie kommt immer so gut gelaunt zur Arbeit." / „Gestern hat sie der neuen Kollegin die Aufgabe wunderbar geduldig erklärt." usw. Nach drei Minuten kommt der Nächste an die Reihe. – Sehr hilfreich für diese Übung sind Leitfragen, die sicherstellen, dass den Teilnehmenden die Puste nicht so schnell ausgeht beim guten Tratschen: „Für welchen Job würde X sich auch prima eigenen?" / „Welche Dinge kann X besonders gut?" / „Wenn wir alle mit X auf einer einsamen Insel wären, mit welchen Talenten würde sie oder er zu unserem Überleben beitragen?" – Am Ende der Übung werden die Teilnehmenden mit einer warmen Dusche aus Wertschätzung durchstarten.

Friday Wins

Reservieren Sie eine Stunde am Ende der Woche – vierzehntägig oder monatlich ist auch möglich –, in der Ihre Mitarbeiter*innen von positiven Dingen erzählen können, die sie die Woche über erlebt haben. Dazu können neue Erkenntnisse, besonders gute Zusammenarbeit, abgeschlossene Projekte, Anekdoten oder einfach alles gehören, worauf man stolz war oder worüber man sich gefreut hat. Achten Sie bei der Durchführung darauf, dass die *Friday Wins* nicht zur Rechtfertigung oder zum Prahlen verwendet werden. Friday Wins tragen auf diese Weise viel dazu bei, Stimmung, Wertschätzung und Sichtbarkeit (S. 63) im Team zu erhöhen.

Die wertschätzende Befragung

Mit dieser Übung ermöglichen Sie, dass die Teilnehmenden sich füreinander öffnen, besser kennenlernen und gemeinsam Faktoren für eine gute Zusammenarbeit erkunden. Lassen Sie dazu jede*n Teilnehmer*in in drei Minuten je drei Dinge auf einer Karte (s. u.) zusammentragen:

1 | ein positives Erlebnis aus dem Arbeitskontext, beschrieben in wenigen Stichworten,
2 | eine Wendung oder ein Wort, das den Kern dieses Erlebnisses trifft,
3 | und, wenn möglich, ein Symbol, das es veranschaulicht.

Danach kommt man in Gruppen von drei bis vier Personen zusammen und stellt einander die eigenen Erlebnisse davor. Die Gruppen sammeln daraufhin insgesamt drei Erfolgsfaktoren (hier: Spontaneität) sowie, falls vorhanden, ein Hindernis, die besonders bezeichnend sind für die geschilderten Erlebnisse. Zum Schluss präsentieren die Gruppen ihre Ergebnisse im Plenum.

Die Danke-Box

Mit der Danke-Box geben Sie Ihren Mitarbeiter*innen die Möglichkeit, einander auf eine einfache Weise zu danken. Stellen Sie dazu eine Box an einem oft besuchten Ort auf, etwa im Pausenraum. Legen Sie Stift und Karten dazu und ermutigen Sie Ihre Kolleg*innen, wenn sie daran vorbeikommen, ein kleines Dankeschön für jemand aufzuschreiben und in die Box zu werfen. Für das Überbringen haben Sie verschiedene Möglichkeiten: Beim nächsten Meeting öffnen Sie die Box und lesen die Danksagungen vor. Oder Sie verteilen Sie, wenn Sie diskreter vorgehen wollen, unter den Mitarbeitenden. Erfahrungsgemäß ist die Beteiligung am Anfang eher mäßig und nimmt in den folgenden Wochen allmählich zu. Darüber hinaus unterstützt die Danke-Box langfristig dabei, Schwellen abzubauen und Wertschätzung direkter auszudrücken.

Kudos-Board

An ein Kudos-Board (englisch für: „Hut ab!“) können Sie all die kleinen positiven Dinge pinnen, schreiben oder heften, die Sie Ihren Kolleg*innen immer schon einmal sagen wollten: Dank, Lob, Scherze und Aufmerksamkeiten. Hängen Sie es einfach neben das Schwarze Brett oder kombinieren Sie es mit einer *Wand des Wissens* (S. 65 f.). – Sie erleichtern die Benutzung des Kudos-Boards, wenn Sie Stifte, Zettel, Post-its und Sticker gleich dazulegen.

Anerkennung zum Abreißen

Falls Sie über die Danke-Box und Danke-Karten (S. 139) hinaus an einer weiteren sehr einfachen und zudem heiteren Form interessiert sind, einander Wertschätzung auszudrücken, dann probieren Sie es doch einmal mit einem Aushang, bei dem man ein wenig Anerkennung abreißen und verschenken kann (eine Druckvorlage finden Sie unter 🌐 berlin-alley.com/praxisbuch-wertschaetzung):

Meeting-Gossip

Zur Auflockerung und als Warm-up für ein Meeting bestimmen Sie eine Person, die am Anfang einer Sitzung über die Anwesenden etwas Positives sagt. Alternativ können Sie auch eine einzelne Person auswählen, über die alle anderen etwas Positives sagen. Viele von uns reagieren hier mit ein wenig Scham – es ist also auch eine gute Übung, um zu lernen, mit Lob, Dank und Komplimenten umzugehen.

Plussing

Immer wieder werden Ideen oder Vorschläge in Meetings zu schnell kritisiert, vom Tisch geschoben und deshalb nicht angemessen zur Kenntnis genommen oder weiterentwickelt. Oft werden durch solche Abwehrreaktionen wertvolle Möglichkeiten für Verbesserungen verpasst. Außerdem fühlen sich die Personen, die sie eingebracht haben, nicht besonders wertgeschätzt. Ein Mittel dagegen ist das *Plussing*: Machen Sie es zu einem festen Bestandteil von Sitzungen, auf eine neue Idee zunächst ausschließlich konstruktiv zu reagieren, etwa für fünf Minuten. Einleiten kann man das Plussing zum Beispiel so: „Ich habe hier einen Vorschlag und würde ihn gern noch stärker machen. Was müsste der Fall sein, damit er erfolgreich ist? Was bräuchten wir dafür?" Anschließend enthalten sich alle Teilnehmenden der Kritik und versuchen gemeinsam, mitunter auch auf die Gefahr hin, unrealistisch zu sein, die Potenziale der Idee zu entfalten. Um das Plussing nicht ausufern zu lassen, können Sie es auch auf einmal pro Meeting beschränken. Probieren Sie es aus!

Der Vertrag gegen das Lästern

Die Forschung zeigt, dass wir mehr als die Hälfte unserer Gesprächszeit über Menschen reden, die nicht anwesend sind. Mal Hand aufs Herz: Ein großer Teil davon ist nicht besonders positiv. In Organisationen können sich dadurch schnell Lager bilden und Probleme unterdrückt werden, statt direkt, konstruktiv und wertschätzend von denen gelöst zu werden, die sie betreffen. Dazu kann der Vertrag gegen das Lästern beitragen. Eine öffentliche Verpflichtung für ein Verhalten erhöht die Wahrscheinlichkeit, dass wir es tatsächlich befolgen. – Kommen Sie dazu mit Ihrem Team zusammen und besprechen Sie, was jeder unter Klatsch, Tratsch und Lästern versteht und welche Wirkung es hat. Fragen Sie auch explizit, ob alle damit einverstanden wären, das Lästern im Team zu reduzieren. Setzen Sie dann zusammen einen Vertrag auf, der alle Unterzeichnenden dazu verpflichtet, nicht schlecht hinter dem Rücken der Teammitglieder zu reden, sondern stets das direkte Gespräch zu suchen. – Übrigens, und auch wenn Sie so radikal natürlich nicht vorgehen müssen: Bei *Bridgewater*, einem der größten Hedgefonds der Welt, ist Lästern ein Kündigungsgrund.

Meckerfasten

Falls Ihnen der *Vertrag gegen das Lästern* zu drastisch oder als unrealistisch erscheint: Probieren Sie es doch mal mit *Meckerfasten*! Nehmen Sie sich selbst oder gemeinsam mit anderen vor, komplett oder in Bezug auf bestimmte Bereiche einmal nichts Negatives zu sagen. Fangen Sie dazu mit einem Tag an und versuchen Sie es dann eine Woche. Beobachten Sie sich selbst dabei und diskutieren Sie gemeinsam die Ergebnisse, Erfolge und Schwierigkeiten.

Aktivierung des besten Ichs

Hier ein sehr einfaches Mittel, neue Mitarbeiter*innen wertzuschätzen und nachhaltig zu motivieren: Lassen Sie sie an einem der ersten Arbeitstage im Rahmen des Onboardings[27] aufschreiben, was sie für einzigartig an sich halten, welche Stärken sie haben und wie sie diese und sich selbst als Person gern auf der Arbeit einbringen würden. Die Forschung zeigt, dass eine solche Ausrichtung auf die eigenen Stärken, verbunden mit der Ermunterung, man selbst zu sein, die Leistungen, die Authentizität und das Wohlbefinden neuer Kolleg*innen über Monate hinaus erhöhen. | Eine Vorlage zum Ausdrucken dafür finden Sie unter 🌐 berlin-alley.com/praxisbuch-wertschaetzung.

---

[27] Unter *Onboarding* versteht man die Aufnahme neuer Mitarbeiter und vor allem alle Maßnahmen, welche die erfolgreiche Eingliederung fördern.

Open Space-Events

Eine der besten Methoden, in Ihrer Organisation Sichtbarkeit und Informationsfluss zu erhöhen, sind Open Space-Events. Hier kommen Mitarbeiter*innen aller Abteilungen zusammen und teilen in einem offenen Rahmen Wissen, Fragen und Probleme miteinander. Dazu werden zunächst die mitgebrachten Themen vorgestellt, wobei man zu allem eine Sitzung anbieten kann, was einen gerade bewegt: „Wie können wir die Gesundheit im Unternehmen besser fördern?" / „Wer braucht Tipps und Tricks zu Excel?" / „Richtig ernähren am Arbeitsplatz – wie geht das?". – Wer sein Thema vorstellt, braucht dabei noch keine Antworten zu haben; diese können in der Gruppe gefunden werden. Im zweiten Schritt teilt man die Themen auf Räume und Zeiten auf (in der Regel finden Sitzungen parallel statt) und entscheidet individuell, woran man jeweils teilnehmen möchte. Am Ende kommen alle zusammen und stellen die Ergebnisse der einzelnen Sitzungen vor.

Improv

Improvisations-Kurse fördern wirksam das Vertrauen im Team und erleichtern somit auch den Ausdruck von Wertschätzung. *Improv* (= kurz für „Improvisation") besteht vor allem aus spontanem, szenischem Spiel und stammt ursprünglich aus dem angelsächsischen Raum. Es findet zunehmend auch in der Unternehmenskultur hierzulande Verbreitung. Improv macht auf heitere Weise darauf aufmerksam, wie schnell wir im Allgemeinen Personen und Sachverhalte (negativ) bewerten und erleichtert, sich positiv und konstruktiv auf sich selbst, einander und unsere Umwelt zu beziehen. Eines der zentralen Prinzipien lautet: Sag nicht „aber", sondern stets „Ja, und …". Das bedeutet: Fügen Sie der Aussagen Ihres Gegenübers etwas Positives hinzu, statt sie negativ abzuschneiden. Falls Sie noch keine Idee für Ihr nächstes Team-Bonding-Event haben: Probieren Sie doch einmal Improv aus![28]

[28] Bei der Drogeriekette *DM* ist es übrigens fester Teil der Berufsausbildung, gemeinsam einen achttägigen Theaterkurs zu besuchen.

Feedforward

Eines der effektivsten und beliebtesten Kommunikations-Tools nennt sich *Feedforward*. Mit seiner Hilfe können Sie drei Dinge auf einmal erreichen: (1) Sie erhalten Tipps, die Ihnen helfen, sich weiterzuentwickeln und Ihre blinden Flecken zu beseitigen. (2) Sie vermitteln Ihren Kolleg*innen Wertschätzung durch das Vertrauen, das Sie ihnen schenken. (3) Sie haben mehr Kontrolle über das Feedback, das Sie erhalten. – Und so funktionierts: Wählen Sie ein Verhalten, bei dem Sie sich verbessern möchten, z. B. Ihren Umgang mit Wertschätzung oder Ihre Moderation in Meetings. Suchen Sie ein Vieraugengespräch mit eine*r Kolleg*in und schildern Sie Ihr Ziel. Fragen Sie dann nach *einer* Empfehlung, wie Sie dieses Ziel besser erreichen können. Hören Sie sich die Antwort wertungsfrei an, stellen dabei höchstens Verständnisfragen und bedanken Sie sich.

Liberating Structures

Die Liberating Structures sind eine frei zugängliche Sammlung mit äußerst hilfreichen Übungen zur Verbesserung von Zusammenarbeit, Lösungsfindung und Wertschätzung. Einige der Übungen, die uns besonders gut gefallen haben, sind das *Wertschätzende Interview*, *Heard-Seen-Respected* sowie *Troika Consulting*, eine Variante der Kollegialen Beratung. Die Inhalte sind auf Deutsch verfügbar unter 🌐 www.liberatingstructures.de.

Was würde ein Freund tun?

Eine der Ursachen dafür, dass wir anderen geringes Mitgefühl und weniger Wertschätzung entgegenbringen, besteht oft darin, dass wir bereits uns selbst gegenüber wenig Mitgefühl zeigen. Vor allem sehr leistungsorientierte Menschen leiden darunter, sich selbst nicht akzeptieren zu können, und bewerten sich daher vorwiegend kritisch und sind meist unzufrieden mit dem eigenen Verhalten. Diese Haltung übertragen sie dann in der Regel auch auf andere

Personen. – Eine recht einfache Übung, für sich selbst mehr Mitgefühl zu entwickeln, funktioniert so: Erinnern Sie sich an eine Situation, in der Sie einem Freund oder einer Freundin, der es schlecht ging, Rat und Unterstützung gegeben haben. Wie haben Sie das gemacht? Was haben Sie gesagt? Denken Sie anschließend daran, wie Sie typischerweise mit sich selbst umgehen in einer solchen Situation. Wie reden Sie mit sich selbst? Schreiben Sie Ihre jeweiligen Reaktionen auf. Welche Unterschiede sehen Sie? Und überlegen Sie schließlich, was passieren würde, wenn Sie sich selbst mehr wie einen guten Freund behandeln würden. – Eine kürzere Variante dieser Übung besteht in der Frage an sich selbst: „Würde ich das, was ich gerade zu mir selbst gesagt habe, zu jemand anderem sagen, den ich mag und respektiere?".

Der Teddybär-Effekt

Dieser Tipp ist nicht direkt auf Wertschätzung bezogen, aber wir fanden ihn einfach zu süß, um ihn Ihnen vorzuenthalten. Die Forschung hat gezeigt, dass die Gegenwart von Dingen, die uns an die Kindheit erinnern (z. B. Spielzeuge, Musik oder Fotos von Kindern), unser prosoziales Verhalten fördert. Wenn sich also ein Teddybär im Meetingraum befindet, erhöht sich die Wahrscheinlichkeit, dass wir netter und ehrlicher zueinander sind. Dies sollte auch der gegenseitigen Wertschätzung zugutekommen.

WENN SIE MEHR WISSEN MÖCHTEN

Baldauf, Corinna; Mois, Tim: *24 Work Hacks, auf die wir gerne früher gekommen wären*, Düsseldorf 2016 | Neben einer Reihe sehr hilfreicher Tipps für eine starke, neue Unternehmenskultur finden Sie hier weitere Informationen zu **Open Space-Events**.

Burow, Olaf-Axel: *Führen mit Wertschätzung. Der Leadership-Kompass für mehr Engagement, Wohlbefinden und Spitzenleistung*, Weinheim und Basel 2018, S. 178 ff. | In diesem sehr empfehlenswerten

Buch über Führungskultur finden Sie die Variante der **wertschätzenden Befragung**, die wir oben aufgeführt haben.

Cable, D. M. u. a.: „Breaking them in or eliciting their best? Reframing socialization around newcomers' authentic self-expression", in: *Administrative Science Quarterly*, (58) 2013, S. 1–36 | In diesem Artikel können Sie nachlesen, wie sehr eine **kurze Reflexion auf die eigenen Stärken** unsere Leistung nachhaltig erhöhen kann.

Desai, Sreedhari D.: „Adults behave better when teddy bears are in the room", in: *Harvard Business Review*, September 2011 | Falls Sie uns das mit dem **Teddybär-Effekt** nicht glauben…

Goldsmith, Marshall: „Feed Forward. Leadership Excellence", 2007 / im Netz auf: www.marshallgoldsmith.com/articles/1438/ | Hier finden Sie mehr über die Methode ***Feedforward***.

Johnstone, Keith: *Improvisation und Theater*, übers. v. Petra Schreyer, Berlin 2018 | Falls Sie sich **Improv** zunächst theoretisch nähern wollen: Dies ist das Standardwerk dazu.

Neff, Kristin: „Self-Compassion Guided Meditations and Exercises" / im Netz auf: self-compassion.org/category/exercises/ | Auf dieser Seite finden Sie weitere Übungen zur **Erhöhung Ihres Mitgefühls für sich selbst**.

DANKE!

Wenn man nur ein einziges Wort wählen müsste, das für Wertschätzung steht, dann wäre es wohl „Danke". Mit einem „Danke" wollen wir ausdrücken, dass jemand etwas tut, das für uns wertvoll ist. Dafür braucht es keine großen Worte. Verbunden mit dem Anlass Ihrer Dankbarkeit verstärkt sich beim anderen überdies das Gefühl, von Ihnen konkret gesehen zu werden:

- **Vielen Dank**, eine gute Frage!
- **Danke**, dass Du das übernommen hast. Du hast mir damit sehr geholfen, den Text rechtzeitig fertigzustellen.
- **Danke**, dass ihr so mitzieht. Ich weiß, es ist momentan eine stressige Zeit für euch.
- **Danke**, dass Du gestern länger geblieben bist. Das ist nicht selbstverständlich.
- **Danke** für die schnelle Erledigung!
- **Danke** für den Hinweis.
- **Danke**, dass Du spontan die Vertretung übernommen hast.
- Schön, dass ich mich auf euch verlassen kann. **Danke**.
- **Danke**, dass ihr grade so viel allein gestemmt habt. Ich weiß, ich hatte zuletzt nicht viel Zeit für euch.
- **Danke**, dass Du dir die Zeit nimmst, mich zu unterstützen. Du müsstest das nicht tun.

Vielen Menschen fällt es schwer, Dankbarkeit zu empfinden. Das hängt oft zusammen mit hohen Ansprüchen sich selbst oder anderen gegenüber sowie mit einem Fokus, der besorgt auf Unerreichtem oder Fehlern liegt, statt auf Errungenschaften und den Bemühungen dahinter. Auch daher sind es meist Führungskräfte und Leistungsträger, die sich selten dankbar zeigen. Hinzu kommt, dass oft ein Widerspruch besteht zwischen dem, was wir wollen, und dem, was wir geben: Während wir uns selbst am Arbeitsplatz mehr Dankbarkeit wünschen, erweisen wir sie anderen nur selten.

Hier sind einige Fakten, die Ihnen Mut machen sollen, trotz innerer Hürden häufiger Ihre Dankbarkeit auszudrücken:

- Menschen, die dankbar sind, führen ein glücklicheres Leben und Beziehungen, die erfüllender sind.
- Wer Dankbarkeit empfängt, ist motivierter, der dankenden Person auch in der Zukunft zu helfen.
- Dankbarkeit bewirkt, dass sowohl Gebende als auch Nehmende sich besser fühlen.
- Dankbarkeit erhöht im Team Geduld, Durchhaltewillen, Ehrlichkeit, Loyalität sowie die Bereitschaft, Dinge miteinander zu teilen.
- Beschäftigte arbeiten motivierter für Führungskräfte, die ihnen mehr Dankbarkeit entgegenbringen.
- Dankbarkeit ist nachweislich eine der wichtigsten Ressourcen für Motivation und Menschlichkeit am Arbeitsplatz.

Und wenn es mir dennoch schwerfällt, Dankbarkeit zu empfinden?

Dankbarkeit lässt sich trainieren. Dies gilt auch für Menschen, die sie nicht besonders stark empfinden oder nur auf „große Anlässe" einzuschränken pflegen. Gehen Sie dazu regelmäßig die Dinge durch, die Personen in Ihrem Arbeitsumfeld für Sie getan haben und fragen Sie sich: „Was war daran wertvoll? Was könnte Gutes folgen aus diesem kleinen, vielleicht selbstverständlich erscheinenden Verhalten?" Blicken Sie dabei auch weiter zurück und überlegen Sie, welche Menschen Ihnen in Ihrem Leben oder bei der Karriere bisher geholfen und entscheidende Fortschritte ermöglicht haben. Überlegen Sie auch, welche Situationen, in denen Sie zunächst verzweifelt oder mutlos waren, Sie schließlich doch erfolgreich überstanden haben: Welche Menschen hatten einen Anteil daran? – Begreifen Sie diese Fragen als ein Workout, das dazu dient, Ihre Wertschätzungskompetenz und Ihre eigenen und die positiven Energien in Ihrem Umfeld zu erhöhen. Und keine Sorge: Ihr Leistungswille und der Ihrer Mitmenschen wird nicht darunter leiden. Im Gegenteil.

Wussten Sie schon ...

... dass „Dank" von „denken" abstammt? Seine ursprüngliche Bedeutung lautet: „Ich werde es in Gedanken halten". Dies unterstreicht, dass Dankbarkeit ein besonders intensiver Ausdruck von Wertschätzung ist: Wir heben nicht nur hervor, dass etwas für uns wertvoll war, sondern geben auch ein kleines Versprechen ab, uns in Zukunft erkenntlich zu zeigen.

WENN SIE MEHR WISSEN MÖCHTEN

Achor, Shawn: *The Happiness Advantage*, New York 2010 | Hier finden Sie schöne **Tipps, um Ihre Dankbarkeit zu erhöhen und auszudrücken**.

Algoe, Sara B.; Haidt, Jonathan: „Witnessing excellence in action: the 'other-praising' emotions of elevation, gratitude, and admiration", in: *Journal of Positive Psychology* 4 (2009), S. 105–127 | Der Artikel zeigt, dass Dankbarkeit **positive Auswirkungen auf Geber und Empfänger** hat und die soziale Bindung verstärkt.

Bartlett, Monica Y.; DeSteno, David: „Gratitude and Prosocial Behavior. Helping When It Costs You", in: *Psychological Science*, 17 (2006), S. 319–325 | Dankbarkeit **erhöht unsere Bereitschaft, anderen zu helfen**.

DeSteno, David: *Emotional Success. The Motivational Power of Gratitude, Compassion and Pride*, Boston 2018 | Der Autor macht hierin auf die Fülle an **Vorteilen aufmerksam, die Dankbarkeit** hat (neben anderen Gefühlen) und gibt Praxistipps.

Fredrickson, Barbara L.: „The Value of Positive Emotions" in: *American Scientist* 91 (2003), S. 330–335 | Dieser Artikel zeigt, dass **Dankbarkeit positive Emotionen fördert**.

Kaplan, Janice: „Gratitude Survey. Conducted for the John Templeton Foundation June-October 2012", im Netz: http://greatergood.

berkeley.edu/images/uploads/JTF_GRATITUDE_REPORTpub.doc | Eine in vielen Hinsichten aufschlussreiche **Umfrage zur Dankbarkeit unter 2000 Beschäftigten**.

Lyubomirsky, Sonja: *Glücklich sein. Warum Sie es in der Hand haben, zufrieden zu leben*, übers. v. Jürgen Neubauer, 2. Aufl. 2018 | Dies ist eines der **Standardwerke zum Thema Glücklichsein** und enthält viele hilfreiche Tipps zur Dankbarkeit.

HÄUFIG GESTELLTE FRAGEN

Womit soll ich eigentlich beginnen?

Der Anfang ist im Grunde ganz einfach. Gehen Sie entspannt vor, probieren Sie sich aus. Sehen Sie das Buch als ein Angebot von Möglichkeiten, die kein System oder keine besondere Reihenfolge erfordern. Am besten beginnen Sie mit einem Kapitel, das Ihnen sympathisch ist, und mit einer Übung, von der Sie glauben, dass diese zu Ihnen passt. Kleine Schritte und Gesten sind ohnehin der beste Anfang für den Aufbau einer Wertschätzungskultur.

Woher soll ich wissen, was genau ich wertschätzen soll?

Darauf gibt es keine allgemeine Antwort und die braucht es auch nicht. Wenn Sie die Kapitel dieses Buches gelesen haben, werden Sie aber eine bessere Vorstellung davon haben, was für Sie und Ihr Team in Frage kommt. Eine gute Leitfrage lautet: „Was war heute wertvoll für mich und wer hat dazu beigetragen?“. Oft erfahren Sie Schätzenswertes auch durch offene, aufmerksame Feedbackgespräche, die als solche bereits wertschätzend sind. Und schließlich unterstützt Sie das Logbuch bei der eigenen Reflexion auf Ihre Umwelt und Wertschätzungsmöglichkeiten.

Wirke ich nicht künstlich oder gezwungen, wenn ich plötzlich anfange, meine Mitarbeitenden mehr wertzuschätzen?

Wir möchten natürlich nicht, dass andere denken, wir würden uns bei ihnen nur einschmeicheln oder sie manipulieren wollen. Wertschätzung sollte nicht taktisch erscheinen („Da hat er wohl gedacht: ‚Jetzt wird es mal wieder Zeit für Wertschätzung!'"). – Beseitigen lassen sich solche Stolperfallen durch drei Schritte. (1) Sprechen Sie in Ihrem Team offen an, dass Sie daran arbeiten, Ihre Wertschätzungspraxis zu verbessern und dass Sie für Geduld, Feedback und Unterstützung sehr dankbar wären. Das ist ein Schritt, der Mut erfordert, weswegen er erfahrungsgemäß auch letztlich belohnt wird mit größerer psychologischer Sicherheit (S. 39), Vertrauen und Anerkennung. Lassen Sie sich von Skeptiker*innen nicht den Schwung nehmen: Die hat es auch bei der Erfindung des Rads gegeben und am Ende fahren dann doch gern alle mit. (2) Gehen Sie in kleinen Schritten vor. Beginnen Sie zunächst mit nur ein oder zwei persönlichen Bemerkungen pro Woche. Denken Sie daran, dass Wertschätzung nicht vorrangig im Loben besteht, sondern z. B. auch im Übertragen von Verantwortung oder im Ermitteln von Bedürfnissen sowie ihrer Berücksichtigung. Und sollte hier doch etwas schief gehen, werden Ihre Mitarbeitenden aufgrund des ersten Schrittes verständnisvoll reagieren und Sie zu unterstützen versuchen. Fragen Sie dazu in Feedbackgesprächen einfach nach. (3) Nutzen Sie unbedingt das Logbuch, das Ihre Wahrnehmung von Wertschätzungsmöglichkeiten trainiert und Ihr entsprechendes Verhalten viel natürlicher werden lässt.

Mir fällt es schwer, Wertschätzung auszudrücken, da ich sehr hohe Ansprüche an mich selbst und andere habe. Was kann ich da tun?

Viele sehr leistungsorientierte Beschäftigte verzichten darauf, anderen Wertschätzung zu zeigen oder versagen sich, mit sich selbst zufrieden zu sein. Oft liegt ihr Blick schon auf der nächsten Herausforderung oder auf Dingen, mit denen sie noch nicht zufrieden sind. Allerdings zeigt die Forschung: Die beiden größten Motivatoren am Arbeitsplatz sind Wertschätzung sowie das Gefühl, Fortschritte zu machen. Beides untergraben Sie durch das Prinzip „Nicht gemotzt ist halb gelobt", fördern es aber durch die Regel „Bau kein Schloss, bau 1000 Zelte" (S. 143). Das bedeutet auch: Wenn Sie tatsächlich starke Leistungen von Ihren Mitarbeiter*innen wollen (vom Wohlbefinden einmal ganz zu schweigen), dann steigern Sie Ihren Ausdruck von Anerkennung, auch wenn Ihnen dies zunächst schwerfällt. Wertschätzung, auch für die kleinen Dinge, ist Treibstoff für nachhaltig gute Arbeit. Fangen Sie dabei mit kleinen Schritten an („Danke") und nutzen Sie zur Unterstützung auch unbedingt das Logbuch. Es erleichtert den Blick für Wertschätzungsgelegenheiten ungemein.

Woher soll ich die Zeit zu all dem Wertschätzen nehmen?

Diesen Einwand hören wir oft. Aber insbesondere, wenn Sie eine Führungskraft sind, sollten Sie den wertschätzenden Umgang mit Ihren Mitarbeiter*innen nicht als zusätzlichen Aufwand betrachten. Verstehen Sie ihn vielmehr als wesentlichen Teil Ihrer Arbeit (S. 23 f.). Tragen Sie ihn unbedingt in Ihre tägliche To-Do-Liste ein. Und davon abgesehen: Durch die meisten Vorschläge in diesem Buch gewinnen Sie langfristig an Zeit, da Ihre Mitarbeiter*innen einfach produktiver arbeiten. Übrigens profitieren Sie natürlich auch selbst von einer wertschätzenden Arbeitsatmosphäre, und das nicht nur, weil Sie auch viel davon zurückerhalten werden. Wertschätzung ist also eine richtig gute Investition.

Wollen Menschen nicht auf unterschiedliche Weise wertgeschätzt werden?

Ja und nein. Grundsätzlich gilt: wohlwollende Aufmerksamkeit für andere, etwa durch bedürfnisorientiertes Nachfragen in Feedbackgesprächen oder durch persönliche Anerkennung für spezifisches Verhalten, ist etwas, das uns alle nachhaltig motiviert. Die meisten Praktiken in diesem Buch haben positive Auswirkungen auf alle Beschäftigten. Darüber hinaus ermöglicht die Bedürfnisorientierung, auch individuelle Präferenzen zu berücksichtigen: Brauchen bestimmte Mitarbeitende eher mündliche Anerkennung für gute Leistungen? Oder eher die Versicherung, Teil der Gruppe zu sein?

Oder größere Spielräume? Oder klare Ansagen? Oder ziehen manche gemeinsam verbrachte Zeit lobenden Worten vor? Oder bevorzugen sie Unterstützung statt kleiner Geschenke (S. 120)?

Kann Wertschätzung auch negative Folgen haben?

Ja, aber sie sind sehr selten. Unsere Erfahrung hat bislang drei Dinge gezeigt: *Erstens.* Wenn Sie zu oft dieselben Dinge unter denselben Umständen loben, kann es passieren, dass Ihre Mitarbeiter entsprechende Erwartungen aufbauen, d. h. allmählich einen Anspruch entwickeln, gelobt zu werden. Bleibt das Lob dann einmal aus, sind sie womöglich enttäuscht. Dies können Sie aber z. B. dadurch umgehen, dass Sie Ihre Wertschätzung variieren, sowohl thematisch als auch der Form nach (S. 117 f.). *Zweitens.* Es ist durchaus möglich, dass Sie den falschen oder zu wenigen Personen Ihre Anerkennung aussprechen: Vielleicht war ja nicht nur Hans für den Erfolg des Projekts verantwortlich. Stellen Sie daher vor allem bei Projekten, an denen mehrere Personen gearbeitet haben, sicher, dass Sie die richtige(n) Person(en) hervorheben. *Drittens.* Tatsächlich kann Loben sowohl als herabsetzend empfunden werden („Wie gnädig von ihr!") als auch zu falschen Schlüssen führen („Also ist alles in bester Ordnung.") oder auch den Leistungsdruck erhöhen („O Gott, soll ich das jetzt immer machen?"). Zusätzlich spielen Alter, Geschlecht, Persönlichkeit und Kultur eine Rolle für den Erfolg von Lob. Ein großer Teil dieser Schwierigkeiten kann durch die Hinweise in diesem Buch vermieden werden, so dass der Ausdruck von Anerkennung ein wertvoller Teil ihrer Feedbackpraxis wird. Denken Sie vor allem daran, dass Lob zwar oft synonym mit Wertschätzung gebraucht wird, es nur aber einen kleinen Teil von ihr darstellt. Selbst wenn Sie Ihre Mitarbeitenden – wozu wir Sie freilich nicht ermutigen wollen – niemals loben, ist es möglich, sehr wertschätzend mit ihnen umzugehen: etwa durch das Zeigen von Dankbarkeit sowie von Interesse an ihren Zielen und Bedürfnissen oder durch ihre aktive Miteinbeziehung in Entscheidungsprozesse. Für eine erfolgreiche Wertschätzungspraxis stehen Ihnen also viele Türen offen.

Ich möchte wertschätzend Feedback geben, ohne mein Gegenüber zu verletzen. Wie kann ich vorgehen?

Dabei hilft Ihnen die Einnahme einer wohlwollenden Haltung (S. 19–27), die Orientierung an einem praktischen Modell (S. 27–32) sowie eine Reihe konkreter Tipps und Praktiken (S. 151–157).

Was motiviert eigentlich mehr: Geld oder Wertschätzung?

Das kommt darauf an. Geld motiviert vor allem in Hinsicht auf die Zukunft, hat aber einen stark abnehmenden Grenznutzen und verliert seine motivierende Kraft, wenn man es erhalten hat. Wertschätzung motiviert in der Regel nachhaltiger und es ist nahezu unmöglich, wenn man es richtig macht, zu viel davon auszudrücken.

Wie gehe ich mit Mitarbeiter*innen um, die kein Verhalten zeigen, das ich wertschätzen kann?

In diesem Fall empfehlen wir Ihnen drei Dinge. *Erstens.* Sie könnten überlegen, ob es bestimmte Eigenschaften oder Verhaltensweisen dieser Person gibt, die Sie, vielleicht auch unbewusst, nicht mögen und die die Beurteilung ihrer anderen Leistungen bzw. Eigenschaften eintrüben. Dies nennt sich übrigens *Horns-Effekt.* Versuchen Sie sich hier durch bewusste Konzentration auf Gemeinsamkeiten oder gute Leistungen (etwa mithilfe des Logbuchs) auf positive Aspekte der anderen Person zu konzentrieren. So erleichtern Sie sich selbst, Sympathien zu entwickeln und einen besseren Zugang zu ihr zu finden. *Zweitens.* Suchen Sie den Dialog mit der betreffenden Person. Unter Umständen stellt sich heraus, dass es private oder fachliche Einschränkungen gibt, die eine bessere Leistung oder ein gewünschtes Verhalten behindern. Versuchen Sie, gemeinsam Lösungen zu finden und bieten Sie Hilfe bei der Umsetzung an. Bereits dieser Prozess kann ein größerer Ausdruck von Wertschätzung sein als so manches Lob. *Drittens.* Versuchen Sie, die Umstände, unter denen Sie der betreffenden Person begegnen, so stark wie möglich zu variieren (z. B. auf After-Work-Events, Betriebsausflügen etc.). Oft entdecken Sie in anderen Kontexten neue, schätzenswerte Seiten an Ihren Kolleg*innen, für die Sie vorher unempfänglich waren. Genaueres dazu können Sie hier erfahren: Chapman, Gary; White, Paul: *Die fünf Sprachen der Mitarbeitermotivation*, übers. v. Wolfgang Günter, Marburg 2011 S. 249–264.

Warum soll ich das Logbuch handschriftlich führen? Es gibt doch Computer.

Stimmt. Aber Computer sind im Wesentlichen Ablenkungsgeräte. Die Forschung zeigt mittlerweile recht klar: Wir reflektieren und analysieren gründlicher und merken uns Dinge besser, wenn wir sie handschriftlich statt digital notieren. Außerdem gewinnen wir so eine entspannte Zeit jenseits des Bildschirms. – Probieren Sie es aus!

Gibt es Möglichkeiten, die Inhalte dieses Buches zu vertiefen oder auf Unternehmensebene zu vermitteln?

Absolut. Die Autor*innen dieses Buches führen eine Agentur für gute, zukunftssichere Arbeit. Schauen Sie doch einmal vorbei auf 🌐 berlin-alley.com. Dort finden Sie Workshops, Vorträge und Beratungsangebote zu Feedback, nachhaltigem Arbeiten und einer proaktiven Gestaltung der neuen Arbeitswelt. Und ein Workshop, der dieses Buch weiterführt, ist auch dabei.

Wussten Sie schon …

… dass Abraham Lincoln einmal gesagt hat: „Ich mag diesen Mann nicht. Ich muss ihn besser kennenlernen"? – Oft verhindern unsere Denkgewohnheiten oder schon der erste Eindruck, dass wir die Qualitäten anderer erkennen – mitunter langfristig. Hier kann uns Lincolns Herangehensweise helfen. Versuchen Sie einmal, persönliche Abneigung zum Anlass zu nehmen, die andere Person besser kennenzulernen. Nicht umsonst enthält das Wort „Verständnis" eine Prise Sympahtie.

DIE 12 WICHTIGSTEN TIPPS

Falls Sie wirklich keine Zeit zum Lesen haben

1 Betrachten Sie Wertschätzung **weniger als Belohnung, sondern eher als Grundlage für gute Leistungen**. Das heißt: Versuchen Sie Wertschätzung nicht als eine Form nachträglicher Beurteilung, sondern als Ausdruck davon zu betrachten, dass Sie andere mit grundsätzlichem Wohlwollen wahrnehmen und ihre Arbeit und Wünsche unterstützen wollen.

2 **Wertschätzung besteht nicht vorrangig im Loben**. Oft sind andere Dinge wirksamer, wie z. B. das aufmerksame Interesse für die Bedürfnisse und die Person Ihrer Mitarbeiter*innen oder der Ausdruck von Dankbarkeit. Sollte das Aussprechen von Anerkennung nicht zu Ihren Stärken zählen, bleiben Ihnen also noch viele weitere Möglichkeiten, Ihre Wertschätzung zu zeigen. (S. 117 f.)

3 Die vielleicht wichtigste Feedback-Regel der neuen Arbeitswelt gilt auch für Wertschätzung: **Bau kein Schloss, bau tausend Zelte**. Wertschätzung sollte nicht nur bei formalen Personalgesprächen, ein- oder zweimal im Jahr oder zu Jubiläen ausgesprochen werden. Sie sollte ein fester, täglicher Bestandteil der Firmenkultur sein.

4 Seien Sie **aufmerksam für bestandene Herausforderungen** in Ihrem Team. Heben Sie sie hervor und feiern Sie sie gemeinsam. Oft reicht dafür eine kleine Geste. Seien Sie nicht zu stolz oder zu bescheiden, auch kleine Erfolge zu würdigen. Anders als oft behauptet, führt dies bei den Mitarbeitenden nicht zu Selbstzufriedenheit, im Gegenteil: Das Bewusstsein, beständig Fortschritte zu machen, ist neben Wertschätzung einer der größten Motivatoren am Arbeitsplatz.

5 **Üben Sie sich im aktiven Zuhören.** Das heißt: Verzichten Sie in Gesprächen soweit wie möglich auf Bewertungen. Vertiefen Sie stattdessen Ihr Verständnis für die Sichtweise der anderen Person durch offenes, interessiertes Nachfragen. Diese Kombination aus Interesse und ermöglichter Selbstbestimmung führt nachweislich zu einem besseren Informationsfluss und kreativeren Lösungen. Und vor allem stellt sie einen Ausdruck großer Wertschätzung dar (S. 85–91).

6 **Schaffen Sie möglichst viele Begegnungsräume** im Unternehmen, so dass die Mitarbeitenden sich besser kennenlernen können. Nur wer sich kennt, kann sich auch wertschätzen. Andernfalls führen Unkenntnis und Unsicherheit schnell zu Argwohn und Abgrenzung zwischen Teams und Einzelnen (S. 63–67).

7 Beziehen Sie sich bei wertschätzenden Äußerungen auf **konkrete Situationen und spezifische Handlungen** statt auf Charaktereigenschaften oder allgemeine Fähigkeiten Ihrer Kolleg*innen (S. 148 f.).

8 **Konzentrieren Sie Ihr Feedback auf positive Beiträge** Ihrer Mitarbeitenden. Versuchen Sie zudem, auch in Fehlern Dinge auszumachen, auf die man aufbauen kann. Damit wirken Sie der Tendenz unseres Gehirns entgegen, sich zu sehr mit Negativem zu befassen, und motivieren nachweislich Ihre Kolleg*innen stärker (S. 69–77).

9 Insbesondere wenn Ihr Unternehmen schon länger besteht, die Wertschätzungskultur aber noch in den Kinderschuhen steckt, dann versuchen Sie neue Praktiken **zuerst im kleinen Kreis auszuprobieren**, statt sie gleich im ganzen Unternehmen einzuführen. Nutzen Sie dabei zunächst individuelle Methoden wie *Feedforward* (S. 166) oder diskutieren und experimentieren Sie mit Mitarbeitenden, denen Sie bereits ganz vertrauen. Oft reicht allein die Strahlkraft einer kleinen Gruppe, bei der etwas sehr gut klappt, um andere zur Nachahmung zu bewegen.

10 **Fehlerfreundlichkeit** ist nicht nur der Schlüssel zu psychologischer Sicherheit und damit zur beständig lernenden Organisation, sondern auch eine wesentliche Grundlage für Wertschätzung. Kultivieren Sie daher den Dialog über Arten und Folgen von Fehlern in Ihrem Arbeitsumfeld und gehen Sie offen und konstruktiv damit um (S. 47–53).

11 Nutzen Sie das **Wertschätzungslogbuch**. Es lenkt Ihre Aufmerksamkeit auf Positives, erleichtert die Wahrnehmung von Wertschätzungssituationen, erhöht die Klarheit über die Leistungen Ihrer Kolleg*innen und bietet Ihnen schließlich ein Archiv, das Sie als Grundlage für wertschätzende Personalgespräche nutzen können.

12 Wertschätzung bringt wenig, wenn Sie sie nicht ausdrücken. Kaum ein Satz ist so verkehrt wie „Nicht gemotzt ist halb gelobt." Für Motivation von Mitarbeitenden gilt das Gegenteil: „Nicht gemotzt ist halb getadelt." Vergessen Sie daher nie: **Wertschätzung allein ist nicht genug. Sie müssen sie auch zeigen.**

LOGBUCH

Nehmen Sie sich
5 Minuten Zeit
ein- bis zweimal
in der Woche.

5

Sarah Krüger 09.01.20

super Präsentation gehalten trotz privater Probleme / hat das Team dabei gut aussehen lassen

INDEX

Cornelius Brahm 10.01.20

hat wie selbstverständlich die Einführung für die Praktikanten übernommen als H. grippebedingt ausfiel

INDEX

Magda Sommer 12.01.20

nimmt einfach mal das Telefon in die Hand, statt lange E-Mails hin und her zu schreiben / sehr umsichtig gewesen mit einer ungeduldigen Kundin

INDEX

Anleitung

Im **Textfeld** notieren Sie, was Sie bei anderen geschätzt haben, wofür Sie dankbar waren oder was Ihnen positiv aufgefallen ist.

Wenn Sie Ihre Wertschätzung bereits zum Ausdruck gebracht haben, können Sie dies in der **Sprechblase** abhaken.

„**Index**" erinnert Sie daran, Ihre Notiz ins Personenregister (S. 147) aufzunehmen.

?

Der **Impuls** gibt Ihnen die Möglichkeit, kurz über Ihre Wertschätzungspraxis oder Ihre Arbeit zu reflektieren und so neue Denkanstöße zu erhalten.

Wussten Sie, das **handschriftliche Notizen** Ihnen besser helfen, Aufgeschriebenes zu verarbeiten, als das Abtippen am Computer?

HILFREICHE FRAGEN

Wem war ich heute dankbar? Wofür?
Worüber habe ich mich gefreut?
Wer hat mich heute unterstützt?
Wen habe ich heute geschätzt?
Was ist mir positiv aufgefallen?
Wer hat mir Kraft gegeben?
Wovon war ich überrascht?

INDEX

INDEX

INDEX

INDEX

INDEX

Angenommen, Sie könnten ein Gespräch der letzten Tage wiederholen. Welches wäre das und was würden Sie anders machen?

INDE

INDE

INDEX

INDEX

INDEX

Gibt es Mitarbeiter*innen, die Sie bevorzugen? Falls ja, woran merken Sie das?

▶ Siehe Seite 124/127 f.

INDEX

INDEX

INDEX

INDEX

INDEX

Wann haben Sie zuletzt im Team einen Erfolg gefeiert? Finden Sie etwas, dass Sie noch in dieser Woche feiern können.

▶ Siehe Seite 137 f.

INDEX

INDEX

INDEX

INDEX

INDEX

Wer hat zuletzt einen Beitrag geleistet, der wertvoll war für das ganze Team?

INDEX

INDEX

INDEX

INDEX

INDEX

Welche Mitarbeiter*innen geben Ihnen am meisten Energie? Woran liegt das?

INDEX

INDEX

INDEX

INDEX

INDEX

Denken Sie an eine Sache, die Sie an Ihrem Feedback-Verhalten verändern würden. Was wäre der erste Schritt dazu?

INDEX

INDEX

INDEX

INDEX

INDEX

Wer hat Sie in den letzten Wochen dabei unterstützt, sich selbst zu verbessern?

INDEX

INDEX

INDEX

INDEX

INDEX

Wann haben Sie das letzte Mal probiert, einem Menschen, den Sie gar nicht mögen, mit größerem Interesse zu begegnen?

Siehe Seite 177 ff.

INDEX

INDEX

INDEX

INDEX

INDEX

Mit wem arbeiten Sie besonders gern zusammen? Warum?

INDE

INDE

INDE

INDEX

INDEX

Mit wem haben Sie derzeit Meinungsverschiedenheiten? Wie könnten Sie diese möglichst kooperativ beilegen? Womit könnten Sie jetzt konkret anfangen?

INDEX

INDEX

INDEX

INDEX

INDEX

Gibt es Teams oder Personen, zu denen Sie den Kontakt derzeit vermeiden? Wie könnten Sie diesen wieder aufnehmen?

INDEX

INDEX

INDEX

INDEX

INDEX

Was ist Ihnen diese Woche besonders gut gelungen? Waren andere Personen daran beteiligt?

INDEX

INDEX

INDEX

INDEX

INDEX

Gibt es in Ihrem Team Regeln für die Lösung von Konflikten? Welche finden Sie gut, welche fehlen Ihnen?

INDEX

INDEX

INDEX

INDEX

INDEX

Aus welchem Fehler haben Sie zuletzt am meisten gelernt? Hat Ihnen jemand dabei geholfen?

INDEX

INDEX

INDEX

INDEX

INDEX

Gibt es eine Person in Ihrem Umfeld, die eher hinter den Kulissen arbeitet und deren Anstrengungen selten gesehen werden? Wie können Sie ihr danken?

▶ Siehe Seite 139

INDEX

INDEX

INDEX

INDEX

INDEX

Versuchen Sie einmal, ein Gespräch, das Sie vor Kurzen geführt haben, aus der Perspektive des anderen zu beschreiben!

INDEX

INDEX

INDEX

INDEX

INDEX

Unterstützen Sie Mitarbeitende, die momentan vor neuen oder großen Herausforderungen stehen? Wenn ja, wie?

INDEX

INDEX

INDEX

INDEX

INDEX

Wann haben Sie das letzte Mal Wertschätzung erhalten, über die Sie sich wirklich gefreut haben? Woran lag das?

INDEX

INDEX

INDEX

INDEX

INDEX

Denken Sie an Ihr letztes erfolgreiches Projekt. Welche Personen haben den Erfolg möglich gemacht? Was haben Sie dazu beigetragen?

INDEX

INDEX

INDEX

INDEX

INDEX

Haben Sie sich in letzter Zeit nach einem Feedbackgespräch über sich selbst geärgert, weil Sie dabei jemanden verletzt haben? Wie würden Sie die Kritik heute formulieren?

▶ Siehe Seite 151–157

INDEX

INDEX

INDEX

INDEX

INDEX

Denken Sie an drei Personen in Ihrem Umfeld, die Sie bewundern. Schreiben Sie auf, welche Eigenschaften Sie an ihnen schätzen. Durch welches konkrete Verhalten zeigen sie diese?

INDEX

INDEX

INDEX

INDEX

INDEX

Wie geht es Ihnen grade, privat oder in der Arbeit? Schreiben sie drei Gedanken oder Gefühle auf, die Sie unmittelbar nach dem Lesen dieser Frage hatten!

INDEX

INDEX

INDEX

INDEX

INDEX

Welches Meeting war zuletzt besonders kurzweilig? Woran lag das?

INDEX

INDEX

INDEX

INDEX

INDEX

Welche Kolleg*innen würden Sie gern einmal einen Tag lang begleiten, um deren Arbeit besser kennenzulernen? Worauf wären Sie besonders neugierig?

Siehe Seite 67

INDEX

INDEX

INDEX

INDEX

INDEX

Bekommen Sie selbst die Wertschätzung, die Sie sich wünschen? Welche Art von Anerkennung wäre das?

INDEX

INDEX

INDEX

INDEX

INDEX

Wem könnten Sie jetzt gleich noch danken und wofür?

INDEX

INDEX

INDEX

INDEX

INDEX

Reagieren Sie auf bestimmte Mitarbeiter*innen besonders negativ? Woran liegt das? Schreiben Sie ein paar positive Eigenschaften dieser Person auf und beobachten Sie, was das mit Ihnen macht.

INDEX

INDEX

INDEX

INDEX

INDEX

Arbeitet jemand in Ihrem Team oft von zuhause aus? Fühlt diese Person sich genug gesehen? Falls nicht – wie könnten Sie dies erhöhen?

INDEX

INDEX

INDEX

INDEX

INDEX

„Wie auch immer Ihre Berufsbezeichnung lautet: Wir sind alle Teilzeit-Motivatoren." (Dan Ariely) – Was können Sie heute noch dafür tun?

INDEX

INDEX

INDEX

INDEX

INDEX

„Wer die Menschen behandelt, wie sie sind, macht sie schlechter. Wer sie aber behandelt wie sie sein könnten, macht sie besser." (Goethe) – Wann haben Sie im Arbeitskontext zuletzt auch so gedacht?

Hier verzeichnen Sie all die Menschen, mit denen Sie zusammenarbeiten und denen Sie Ihre Wertschätzung ausdrücken können.

Indem Sie diesen Personen die entsprechenden Seitenzahlen aus dem Logbuch zuordnen, erhalten Sie ein **wertvolles Archiv** für Feedbackgespräche und können besser sehen, **wie sich Ihre Wertschätzung verteilt**.

PERSONEN-REGISTER

Seiten

Seiten

Seiten

Seiten

Seiten

STICHWÖRTER

DIE AUTOREN

Stephan Pfob ist New Work Guide bei *Berlin Alley*, wo er Unternehmen und andere Organisationen auf Ihrem Weg in die neue Arbeitswelt begleitet. Er berät zu Fragen nachhaltiger Arbeitstechniken, Feedback, proaktivem Handeln und Denkfehlern. Stephan ist studierter Philosoph hat u. a. in der Finanzverwaltung, als Lehrer, Speaker und Informationsdesigner gearbeitet.

Janett Triskiel ist Partnerin und Coach bei *Berlin Alley*. Sie ist Psychologin, Bildungsbegleiterin und Neurophilosophin mit den Schwerpunkten kognitive Psychologie der Emotionen sowie Empathie- und Bias-Forschung. Janett ist gelernte Handelsassistentin und studierte Philosophie, Psychologie und Soziologie. Sie hat selbst als Führungskraft und in mehr als 20 Teams gearbeitet.

Benjamin Dageroth ist Partner bei *Berlin Alley*, mehrfacher Unternehmensgründer sowie Produktmanager mit den Schwerpunkten digitale Wirtschaft, Business Intelligence und Künstliche Intelligenz. Benjamin ist studierter Wirtschaftsinformatiker und Philosoph.

Dr. Tanja Hentschel ist Assistant Professor of Organizational Behaviour an der Amsterdam Business School, Universität von Amsterdam und freiberufliche Trainerin bei *Berlin Alley*. Ihre Forschung bewegt sich in den Bereichen Geschlechterstereotypen, Diversity, Personalauswahl und -beurteilung, sowie gute Führung. Tanja ist studierte Psychologin und hat an der Technischen Universität München promoviert.

Caroline Schwarz ist Kommunikationstrainerin für Führungskräfte und Kreative. Ihre Leidenschaft gilt dem Studium der unterschiedlichsten Persönlichkeiten. Die gelernte Schauspielerin war u. a. Geschäftsführerin eines 150 Mitarbeiter starken Familienunternehmens im Luxusgüterbereich. 2015 verkaufte sie das Unternehmen. Seitdem arbeitet sie erfolgreich als Beraterin.